澡堂裡遇見

阿基米德

生活中的有趣數學

編者序

「數學之神」阿基米德說過：「給我一個支點，我就可以舉起整個地球。」這樣一個胸懷宇宙的大人物，卻居然是人類史上第一個裸奔的狂人，是什麼讓他這麼不顧形象地在大街上裸奔呢？

「數學」，是對數學的著迷讓他開心地手舞足蹈！

「數學天才」牛頓其實是個迷糊蛋，你知道嗎？當他滿腦子想著數學的時候，他朋友偷吃了他盤裡的雞肉他卻全然不知，還以為自己已經吃完了晚餐；當他思索著數學的時候，連牽在手中的馬兒都跑了，卻還一點感覺都沒有；當他專心研究數學的時候，由於壁爐太熱了，居然還跟僕人說：「太熱了，你幫我把壁爐搬遠一點」。

「數學」，真的這麼迷人！

如果你聽過「諾亞方舟」的故事，那麼你想知道如何找出大洪水確實高度的祕密嗎？

「數學」，你可以透過數學看見真相！

為什麼要學習數學，過去無數的學者究竟為了什麼開始研究數學？任何一個學過數學的人或許都曾想過這樣大哉問。

　　但其實你根本不需要問這樣的問題，數學就在你的生活之中，他是那樣的迷人、自然，是你呼吸的空氣、是天空降下的雨水、是歷史中逗趣的點點滴滴，更是你「數」著時間等下課時的方便利器。

數學一點都不困難！

　　我們錯誤的教育將數學變成了高深複雜的學問，但其實你可以輕鬆學習數學。從數學的歷史與故事起步，理解數學的基礎、分析並學習數學家們的數學性思維，數學其實就是日常生活的一部分。

　　從阿基米德（Archimedes）開始，不論是牛頓的萬有引力、還是愛因斯坦的相對論等，這些卓越的科學家與數學家為人類歷史帶來了巨大的演變；事實上，那些主導人類歷史的重要人物，都是以數學性的邏輯在思考的；而你，其實也可以跟他們一樣。

　　本書的出版，正是為了讓任何一個具有基礎學歷的人都可以輕鬆地接觸數學。雖然為了閱讀方便，本書依照數學史的年代而有先後順序的編排；但不論您從哪個部分開始閱讀，相信都可以從中找到一段段有趣的故事，一則則讓人恍然理解到：「啊！原來是這麼回事！」的會心一笑。就讓我們從笑聲中學習數學吧！

目　　錄

1 數學是什麼？

　　很久很久以前有兩個死刑犯，一個是教數學的教授，另一個則是這位教授的學生。在臨刑前，典獄長的人決定讓他們兩人都各完成一個最後的心願——當然，「讓我活下去」可不包含在內。

　　教授說：「我的最後心願就是讓我跟我這個學生上最後一堂數學課。」

　　典獄長點頭答應了，接著就問那學生最後的心願是什麼。

　　學生想了一下，說道：「我的最後心願，就是在教授跟我上數學課以前，先將我處死。」

　　這下典獄長頭大了：如果聽從了教授的心願，那就必須

我想上課　　　　　　　　　　　　那我情願死

讓他跟學生上課，但這麼一來就違反了學生的心願；反過來說也是如此，不論誰的心願達成，另一個人的心願就必定落空——最後，典獄長不得不放棄將兩人處死。

數學是救命的學問

神話和數學

透過一些洞穴壁畫，我們可以推測出在史前時代就已經有了算數的方法。

下列的圖案就是出現在埃及壁畫裡的象形文字，是算數用的文字，從中我們可以知道埃及人使用的是十進位法。｜是棍子的形狀，表示「一」（1）；∩是腳後跟的骨頭或疤痕，表示「十」（10）；𐎠是彎曲的草繩，表示「百」（100）。

千（1,000）是用蓮花來表示，這是因為尼羅河上開滿了蓮花。

萬（10,000）的表示圖，有人說是食指、也有人說那是生長在尼羅河邊的紙莎草。紙莎草是類似蘆葦的植物，古代埃及人將之製成莎草紙，是當時人用的紙張。

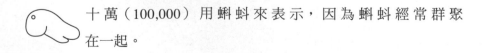

十萬（100,000）用蝌蚪來表示，因為蝌蚪經常群聚在一起。

百萬（1,000,000）是個巨大的數字，所以用人驚訝時舉起雙手的樣子來代表。

千萬（10,000,000），是太陽的形狀，是代表「神」的意思。表示這個數字無法用人的力量理解，是不可能知道的「無限大」。

　　除了古埃及，古希臘著名的「荷馬史詩」中，《奧德賽》（Odýsseia）所描寫希臘神話裡卓越的智謀家奧德修斯（Odysseus，羅馬神話中則稱為「尤里西斯」Ulysses）的故事裡頭，也提到了古代數學的計算方式：

　　奧德修斯在旅途中，將海神波塞頓和海仙女托俄薩的兒子——獨眼巨人波呂斐摩斯（Polyphemos）弄瞎，因此得以逃離他的居處而免於被吃掉的命運。從此，這個可憐的盲眼巨人為了知道自己放養的羊隻有沒有減少，每當一隻羊從洞穴出去的時候，就會放一顆石頭在洞口外頭；到了晚上每當一隻羊進入洞穴的時候，又會把一顆石頭放回洞裡面。

　　這是一種簡單的「一個對一個」的對應原理，從中我們看到了「數學計算」的最早紀錄。

　　除此之外，當然還有很多關於一對一計算的故事。

　　印地安人是美洲的原住民，當時他們為了保護自己的領土而和白人打仗。他們證明自我價值與戰績的方式，就是藉由割下那些白人的

頭皮數量來誇耀自己的戰功；這不是殘忍，而是一種傳統，就像非洲
土著會在脖子上掛著動物的臼齒一般，那是自己所抓住的動物的數
字，藉此向族人昭示著自己的勇猛。

　　非洲的馬賽人（Masai），他們的女性會帶著和自己年紀相當的黃
銅項圈，這代表了她們的年紀。

　　英語片語中有「to chalk one up」這麼一句話，是「記錄」的意思，
源自於古時候酒館主人用粉筆在石版上標示客人喝的杯數；無獨有偶
的，西班牙人則用「echaichins」──「丟石子」來表示，這起源於以
往酒館主人會依照客人喝掉的杯數，將碎石丟在客人的頭巾上來結算
的傳統。

　　另外在《聖經》中，我們也可找到一一對應的例子。舊約聖經中
說，「諾亞（Noah）方舟」在水上總共漂浮了 49 天──但 49 天這
個精確的數字是從何而來的呢？原來諾亞的妻子利用將繩子打結的方

式，每過一天就打上一個結，於是才能正確地計下經過的日子。

　　而既然提到了諾亞方舟，那麼就讓我們試著用數學的邏輯來審視這個神話故事。

　　首先，引發大洪水的雨，必定是從地表上的水蒸發後進到大氣中所生成的。所以我們可以利用計算大氣中的含水量來推測最大降雨量的可能，依氣象學，長、寬、高各一公尺（$1m^3$）的正四方形空氣柱裡平均含水量為 16 公斤，最大也不超過 25 公斤；1 公斤的水相近於 1 公升（$1L=1,000cm^3$），25 公斤就相當於 $25,000cm^3$，而四方形的平面面積是 $1m^2=10,000cm^2$，因此 $25,000cm^3 \div 10,000cm^2 = 2.5$ cm。

　　換句話說，如果全世界大氣中的水份平均的降落於全球地表上，那麼所謂的「大洪水」最深也不過就 2.5cm，而且這還沒考慮到水會滲透到地表下的可能。「淹沒」世界的 2.5cm 和世界第一高峰珠穆朗瑪峰（Everest）884,800cm 的高度相比，可是相差了 353,920 倍之多！

很明顯地，神話終究就只是神話，生活中每天都會用到的，卻是數學。

一一對應的方法是古代算數的基礎概念，這種算式到現在仍是隨處可見。例如小朋友們會將生日寫在日曆上，在生日到來前每天都打上一個叉來倒數計時——這就是基礎數學的應用。

與狼共舞

1950 年獲得諾貝爾文學獎的英國數學家、哲學家伯特蘭‧羅素（Bertrand Russell，1872 ～ 1970），對於「數」，他曾這麼說：「兩隻雞的『2』和兩天的『2』是一樣的，而人類卻花了數千年的時間才理解。」

是的，我們有太多「數量詞」來代表「2」這個數字了：Team（兩匹馬）、span（一對驢子）、yoke（兩頭牛）、pair（一雙鞋）……等等。這些林林總總的數詞，正是伴隨著數學千年來的發展而產生的，

剛開人們單純地用「聲音」來記數，雖然聲音並無法記錄太大的數字，但對於當時的人，他們會用到的數字大概十隻手指頭就可以數完了。

　　用聲音來計數的例子，我們可以看看在澳洲和新幾內亞一帶的巴布亞（Papua）原住民，他們使用的數量詞如下：

1：烏拉碰（Urapun）　　　　　　2：歐叩莎（Okosa）

並利用這兩個數量詞衍生出其他各種數量詞：

3：烏拉碰　歐叩莎　　　　　　4：歐叩莎　歐叩莎

5：歐叩莎　歐叩莎　烏拉碰　　6：歐叩莎　歐叩莎　歐叩莎

樹葉…歐叩莎…烏拉碰…歐叩莎 歐叩莎…歐叩莎 歐叩莎…歐叩莎……

在電影「與狼共舞」中，我們可以發現到美洲原住民他們名字的特殊性。例如電影中的「站立舞拳（Stands With A Fist）」、「與狼共舞（Dances with Wolves）」、「踢鳥（Kicking Bird）」、「風中散髮（Wind In His Hair）」等，其名字皆是取自於現實生活中該人物的形象；數量詞也是如此，他們的意義便是從日常的體驗轉變而來。例如南美的卡馬尤拉（Kamayura）部落，其數量詞就是由「手」轉化而來：

1：尾根彎曲了（小指彎曲）　2：又有一根彎曲了（無名指彎曲）
3：中間彎曲了（中指彎曲）　4：只留下一個
5：我的一隻手都用掉了　　10：我的雙手都用掉了

如果用這種方法表示「3 月 15 日」，那就是「中間彎曲的月，我

的雙手都用掉了我的一隻手都用掉了的日」。

　　除了以「聲音」表示「數」之外，當然還有其他各種方法，其中最複雜的一種是巴布亞（Papua）人的「肢體語言」的數。語言中雖然沒有數量詞，但他們利用身體姿勢來表現：

1：右手小指　　　　2：右手無名指

3：右手中指　　　　4：右手食指

5：右手拇指　　　　6：右手手腕

7：右手手肘　　　　8：右肩

9：右耳　　　　　　10：右眼

11：左眼　　　　　　12：鼻子

13：嘴巴	14：左耳
15：左肩	16：左手手肘
17：左手手腕	18：左手拇指
19：左手食指	20：左手中指
21：左手無名指	22：左手小指

「數學體系」隨著各式各樣的發展，陸續出現了「12 進位法」（以 12 作為基本的時間計算法，例如將 1 年分成 12 個月份）、「60 進位法」（將 1 個小時分成 60 分鐘）、「5 進位法」（使用於德國的農曆）；在各種進位法當中最單純的「2 進位法」，被廣泛的應用在現在的電腦運作中。實際上，這是源自於中國的「陰陽思想」，受到其影響的西方數學家萊布尼茨（Gottfried Wilhelm Leibniz）從中發想出了 2 進位法。

而在眾多的進位法中，我們最熟悉的莫過於 10 進位法，或許這正是因為我們的 10 根手指頭。如果我們的手指頭是 7 根或 9 根，也許我們用的就會是 7 進位法或 9 進位法吧；不過古代巴比倫人所使用的卻是 60 進位法，甚至 17 世紀以前歐洲也經常使用。這是為什麼呢？為何他們不使用較為自然直覺的 10 進位法？

有人這麼推測，10 這個數相較於 60 的融通性更低。因為 10 只有 2 和 5 這兩個因數，60 卻有 2、3、4、5、6、10、12、15、20、30 等 10 個因數；簡單來說，今天如果需要以 4 除（$\frac{1}{4}$，quarter），10 就無法被四整除，但 60 卻可以。而實際的生活中，除以 2、3、4、5 等的

情況其實非常常見，因此，60 進位法比 10 進位法更能避開複雜的小數計算。

　　換句話說，對於不喜歡用小數來表達的古代人而言，60 進位法可以用更多的「分數」形式來表現「小數」的概念。舉例來說，如果把 1 分成 10 等份，用小數來表示是：

0.1、 0.2 、 0.3、……、0.9、1

再把每一等分的切割成 10 等分，可獲得如下的結果：

0.01、0.02、……、0.09、0.1

如果要用分數來表現這些小數，10 進位法居然可憐地連 $\frac{1}{3}$ 都做不到，因為 3 並不是他的因數：

10 進位法分數：$\dfrac{1}{2}$、$\dfrac{1}{5}$、$\dfrac{1}{10}$、$\dfrac{1}{20}$、$\dfrac{1}{50}$、……

60 進位法分數：$\dfrac{1}{2}$、$\dfrac{1}{3}$、$\dfrac{1}{4}$、$\dfrac{1}{5}$、$\dfrac{1}{6}$、$\dfrac{1}{10}$、$\dfrac{1}{20}$、$\dfrac{1}{30}$、$\dfrac{1}{50}$、……

　　不過雖然如此，中國很早就開始使用了 10 進位法，數量詞的表示如下：

1：一	2：二	3：三	4：四
5：五	6：六	7：七	8：八
9：九	10：十	20：二十	30：三十
40：四十	50：五十	60：六十	70：七十
80：八十	90：九十	100：百	1,000：千

韓國則很早就向中國學習，而有了相似的數學體系：

일（一，1）	십（十，10）	백（百，10^2）
천（千，10^3）	만（萬，10^4）	억（億，10^8）
조（兆，10^{12}）	경（京，10^{16}）	해（垓，10^{20}）
자（仔，10^{24}）	양（穰，10^{28}）	구（溝，10^{32}）
간（澗，10^{36}）	정（正，10^{40}）	재（載，10^{44}）
극（極，10^{48}）	항하사（恆河沙，10^{52}）	아승기（阿僧祇，10^{56}）
나유타（那由他，10^{60}）	불가사의（不可思議，10^{64}）	무량대수（無量大數，10^{68}）

其中較大的數量詞其實都源自於佛教的經典，例如 10^{52} 是以印度的恆河來表示，恆河沙是指「多如恆河之沙」；阿僧祇則是代表「無數之劫」；不可思議的意思是指「無法思量」，已然超出人所能度量的範圍。

佛教的經典為何會提到這些超乎人類想像的巨大數字呢？其原意是為了點出人類的無知。人類和無窮大的宇宙比較起來根本不算什麼，我們所想出的數字再怎麼巨大，都絕對找得到比他更大的數！

和這些大數相對應，當然也有「小數」了：

분（分，$\frac{1}{10}=10^{-1}$）	리（釐，$\frac{1}{100}=10^{-2}$）	호（毫，$\frac{1}{1000}=10^{-3}$）
사（糸，10^{-4}）	홀（忽，10^{-5}）	미（微，10^{-6}）
섬（纖，10^{-7}）	사（沙，10^{-8}）	진（塵，10^{-9}）
애（埃，10^{-10}）	묘（渺，10^{-11}）	막（莫，10^{-12}）
모호（模糊，10^{-13}）	준순（浚巡，10^{-14}）	수유（須臾，10^{-15}）
순식（瞬息，10^{-16}）	탄지（彈指，10^{-17}）	찰나（刹那，10^{-18}）
육덕（六德，10^{-19}）	공허（空虛，10^{-20}）	청정（清淨，10^{-21}）

和大數一樣，這些小數大多也都是從佛教經典中衍伸而來的：「塵」和「埃」都是灰塵的意思，在印度用來表示最少的量；「模糊」是指「像精神一樣茫然」的意思；「刹那」是指「眨眼的瞬間」之意；我們常說的「瞬息萬變」，「瞬息」也是小數的單位。

古代的韓國人就已經經常使用這些數量詞，朝鮮末期著名的詩人金炳淵，他就有這麼一首詩：

一峰二峰三四峰，五峰六峰七八峰；
須臾更作千萬峰，九萬長天都是峰。

一座、兩座、三座、四座山峰，五座、六座、七座、八座山峰；
瞬間更化作千萬山巒，雲峰更疊，綿延至萬里長天。

以上的這些數量計算方式，其實都是 10 進位法，我們只要有 0、1、2、……、9 等共 10 個數字，就可以表示所有的數字。這種計數法從中國與印度開始使用，經阿拉伯再輾轉傳到歐洲。因此我們 10 進位所用的數字才又稱為「阿拉伯數字」。

今日西方常用的 10 進位法，是以三位數為一組，以逗點（,）作標記。是一種以每「千」為單位的「千進制」：

1,000	（千，Thousand）
1,000,000	（萬，Million）
1,000,000,000	（十億，Billion）
1,000,000,000,000	（兆，Trillion）

然而，東方常用的進位法卻是以萬為單位，屬於「萬進制」：

1,0000	萬
1,0000,0000	億
1,0000,0000,0000	兆
1,0000,0000,0000,0000	京

因此，對東方人而言，每四個位數組成一組，以逗點（,）來表現，事實上更為直覺方便。例如，請試著直接閱讀這樣的數字：
12,345,678,912

一般人在閱讀這樣的數字時，其實通常都要從個位數往前推算，只要失了神多半又要從頭看起。然而，如果是使用四個位數為區分：

123,4567,8912

是不是比較容易閱讀了呢？

這個數字是：「一百二十三億四千五百六十七萬八千九百一十二」。

2 數學是什麼？

　　有位數學老師，每次上課的時候都因為一個愛亂發問
的學生而被打亂了進度，總無法順利地上課。所以有一天老
師乾脆告訴那學生說：「因為你的關係，老師上課一直被打
斷，從現在起你一小時只准問一個問題。」

　　那個學生忍不住問道：「真的只能問一個問題嗎？」

　　老師笑著回答：「是的，看來我們可以安靜一個小
時了。」

數學是解決問題的學問

改掉壞習慣的驢子

　　人類的文明，大多是定居在河流水域後逐漸發展而成的。四大文明的發祥地，是指非洲的尼羅河、西亞的底格里斯河與幼發拉底河、中亞的印度河、和東亞的黃河。這些地方土地肥沃，隨著運輸、治水、灌溉等技術的發達逐漸富足了起來，也因此產生了對於工程的測量和稅金的計算等問題，促使了數學的萌芽。

　　古代的中國和印度，將這些算術和測量的方法記錄在樹皮和竹子上，但樹皮和竹子皆容易腐敗，現在大多已經不復存在；反之，氣候乾燥的巴比倫王國和埃及，則將這些方法記錄在黏土版或紙莎草（papyrus），因此時至今日還保留了不少珍貴的紀錄。也由於這個緣故，世界數學史研究大部分是倚重巴比倫和埃及。

　　從這些殘存的紀錄看來，人類最早的幾何學概念是從無意識的直覺和日常活動中的現象觀察開始的。所有人在本能上就知道「直線是連結兩點最短距離」等幾何基本概念，也從自然現象中發現到諸如：月亮的圓、彩虹的弧、樹木的年輪、蜘蛛網的六角形等。

　　這階段的幾何學稱為「潛意識幾何學（subconscious geometry）」。這種初期的數學是沒有論證的階段性數學，所以錯誤也相當多；隨

著發展，幾何學逐漸進入了第二階段的「經驗幾何學（experimental geometry）」，將平常經驗到的各種幾何學關係中歸結出抽象的一般性幾何關係。

幾何學的第三階段是「論證幾何學（demonstrative geometry）」，這是由希臘哲人泰勒斯（Thalès de Milet）所推展開的。泰勒斯生於小亞細亞的米利都（Miletus, BC624～BC546），被稱為古希臘七賢之一，更被喻為希臘哲學的始祖。

泰勒斯一生未婚，個性更是出了名的乖僻。有一次他最好的朋友梭倫（Solon）問他：「為什麼不結婚呢？」泰勒斯不回答，只是笑了笑；不久之後，他卻差人傳了一個口信給梭倫，說梭倫的兒子死掉了！

梭倫聽到這個消息當然非常難過，陷入深深的悲傷。而泰勒斯這時才笑著跑去告訴梭倫說：「欸，老朋友，這就是我不結婚的理由。」——梭倫的兒子當然沒有死！

一顆星
兩顆星……

除此之外，泰勒斯也有著不少有趣的故事。

泰勒斯非常關心星象，也是個出色的天文學家。某一個晴朗的晚上，他因為太過專注地看著天上的星星，居然踩空掉入了水溝。路過的人對好不容易才爬上來的泰勒斯笑著說：「看不清前面的人，卻似乎對遙遠的天空非常了解啊！」泰勒斯這個時候當然也只能啞巴吃黃蓮，苦往肚裡吞了。

另外一段故事則是我們所熟悉的《伊索寓言》之一。

有一位農夫養了一隻驢子，每當做生意的時候，他就讓驢子馱著鹽和他一同上市場叫賣。有一天，因為鹽巴實在太重，驢子渡過小溪

　　時不小心滑了跤而摔進水裡。鹽巴一碰到水，馬上就溶解消失了，當驢子爬起時便發現到——「負擔變輕了」！於是，之後每次賣鹽時，驢子都會刻意在河邊跌倒，造成了農夫相當大的損失。

　　苦惱的農夫於是去請教泰勒斯，泰勒斯告訴他，將驢子背上的鹽巴換成棉花吧。

　　農夫依照泰勒斯的建議，將驢背上的鹽巴換成了棉花。不知情的驢子在過溪時又故意滑了跤，然而，因為棉花會吸水的關係，這次牠的負擔反而變得更重，著實讓驢子大大吃了一次苦頭。從此，驢子再也不敢故意跌倒了。

　　泰勒斯又被人稱為「學問之父」，在數學領域上是相當重要的人物。數學對他而言，就是代表著理性的論證，「數學是只有唯一的結

論的學問」，而並非感官的、經驗的直覺感受。泰勒斯的性格或許有些奇特，但也正因為如此才成就了他在數學學問上的嚴謹，透過嚴格的論證過程，他證明了以下的定理：

1. 任何一條直徑皆可將圓分成相等的二等分。
2. 交叉的兩條直線，其對頂角彼此相等。
3. 等腰三角形的兩底角相等。
4. 半圓內圓周角皆是直角。
5. 如果已知一三角形的兩角及其夾邊，則該三角形完全確定。

事實上，這些定理早在泰勒斯之前就已經有人提出，只要透過經驗認知以及反覆實驗便可以很容易地推斷出這樣的結果。但只有泰勒斯能夠用嚴格的邏輯來進行論證，確定理論的「絕對正確」。在此，試舉第四種定理的論證過程。

半圓內圓周角皆是直角：

（以下論證中所繪半圓代表任一半圓，P 點也代表半圓周上的任意一點。）

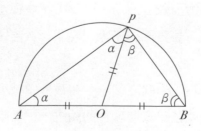

　　如圖所示，在任一半圓的圓周上取任意 P 點，與圓心 O 點以及直徑 $\overline{AB}$ 所形成的兩個三角形△ AOP 和△ BOP，由於兩邊相等（皆為半徑），因此兩三角形同為等腰三角形。

$\angle\,PAO = \angle\,APO = \alpha$　　;

$\angle\,PBO = \angle\,BPO = \beta$

由於三角形內角總和為 $180\,^\circ$，即△ APB 內角合為 $180\,^\circ$：

$\angle\,PAB + \angle\,ABP + \angle\,BPA = 180\,^\circ$

而，

$\angle\,PAB = \angle\,PAO = \angle\,APO = \alpha$；

$\angle\,ABP = \angle\,PBO = \angle\,BPO = \beta$

$\angle\,BPA = \angle\,APO + \angle\,BPO = \alpha + \beta$

因此得知，

$\angle\,PAB + \angle\,ABP + \angle\,BPA = \alpha + \beta + (\alpha + \beta) = 180\,^\circ$

$2(\alpha + \beta) = 180\,^\circ$；$(\alpha + \beta) = 90\,^\circ$　　故得證

　　由此，我們可以從邏輯上確知「半圓內圓周角皆是直角」。從泰勒斯以降，此後的數學逐漸脫離了主觀的認知，而邁向了「絕對正確」的論證之道。

畢達哥拉斯和無理數

學過數學的人，想必都認識畢達哥拉斯（Pythagoras）。其「畢達哥拉斯定理」——直角三角形中，兩股平方和＝斜邊平方——是世界著名的定理之一。

畢達哥拉斯生於西元前 580 年愛琴海上的薩摩斯（Samos）島，約比泰勒斯小 50 歲左右，可以推測畢達哥拉斯可能是泰勒斯的弟子。他在希臘港都克羅托內（Crotona）建立了學校，教導哲學、數學、自然科學等。他們上課的方式相當獨特，都是口頭傳授，不允許留下任何紀錄，而在這裡學習與研究的人被稱為「畢達哥拉斯學派」，所有完成的研究都以畢達哥拉斯的名義發表。畢氏學派其實不只是一個單純的教育機構，同時還是個帶有強烈的宗教與政治色彩的兄弟會，相信「萬物皆數」的他們，認為神用「數」創造了宇宙，所以他們也可由「數」來接近神。由於虔誠的信仰，他們自制、節欲、純潔、服從，在當時獲得很高的聲望，卻也因此引來了嫉妒。

之後，由於受到義大利一帶民主運動的衝擊以及敵對派系的陷害，畢達格拉斯學派因而解散。畢達哥拉斯逃到塔蘭托（Taranto）於西元前 500 年過世，享年 80 歲。但其學派卻並未就此消亡，香火仍

持續到西元前 4 世紀，大約又延續了 200 年之久。而畢達哥拉斯的數學學問以及哲學理論最後卻影響了柏拉圖（Plato），奠定了今日西方哲學的基礎。

「畢達哥拉斯定理」（勾股定理）是畢達哥拉斯最大的成就，當他證明了這個定理的時候，覺得非常驕傲，認為這是神的庇佑，於是用麵粉做了 100 隻牛獻給給神明。

在畢達哥拉斯之後，也不斷出現許多證明「勾股定理」的方法，盧米斯（Elisha Scott Loomis, 1852 ～ 1940）的《畢氏定理（The Pythagorean Propositions）》一書中，就蒐集了關於勾股定理的 370 個證明方法。即便到了現在，這個定理的新證明方法仍在繼續增加當中，目前約有 400 個以上的證明方式。例如，美國的第二十屆大總統詹姆斯・艾伯拉姆・加菲爾德（James Abram Garfield, 1831 ～ 1881）

也曾證明過這個定理，簡短說明如下：

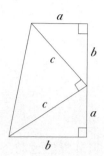

$$梯形的面積 = \frac{（上底＋下底）\times 高度}{2}$$

利用這個算式，參看上圖可得：

$$\frac{（上底＋下底）\times 高度}{2} = \frac{(a + b)(a + b)}{2}$$

$$= \frac{(a^2 + 2ab + b^2)}{2}$$

而此梯形面積亦等於兩股為 a、b 的兩個三角形以及兩股為 c 的一個三角形之總和：

$$三角形面積 = \frac{底 \times 高}{2}，即，\frac{ab + ab + c^2}{2}$$

故得，

$$\frac{(a^2 + 2ab + b^2)}{2} = \frac{ab + ab + c^2}{2}$$

$$\rightarrow a^2 + 2ab + b^2 = 2ab + c^2$$

$$\rightarrow a^2 + b^2 = c^2$$

勾股定理故得證。

除了上述的證明法外，另外當然也有不少特殊的方法。不過在這兒，我們還是先來看看最重要的畢達哥拉斯是如何證明的吧。

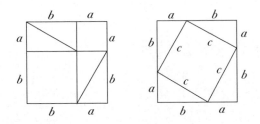

如上圖所示，假設一直角三角形兩股和斜邊個別為 a、b、c；並試著想像一下如上圖的兩個正方形，其邊長皆為（a＋b）。若將該直角三角形放入，左邊的正方形可分成 6 個部分，其中可找到相同的 4 個直角三角形；右邊的正方形可分成 5 個部分，同樣也可分割出相同的 4 個直角三角形。

當我們把左右兩邊各 4 個直角三角形刪除後，左右兩邊留下的面積應相等。左邊剩下兩個邊長分別為 a 與 b 的正方形；右邊則剩下一個邊長為 c 的正方形。

故可得，$a^2 + b^2 = c^2$

畢達哥拉斯定理故得證。

除了上述的「面積減算法」的證明方式外，還有其他各式各樣的證明方法。其中有利用平行公設來證明的方式，例如歐幾里得（Euclid）在《幾何原本》中證明勾股定理的方法，如下圖所示。（由於牽涉到其他許多概念，在此不另贅述細節。）

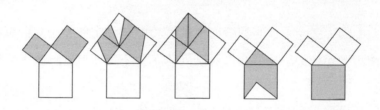

另外還有如亨利・恩斯特・杜德耐（Henry Ernest Dudeney） 提出的重新排列法，如下圖。將上方的兩個正方形剪成塊狀後重新拼貼，必能合成下方的大正方形。

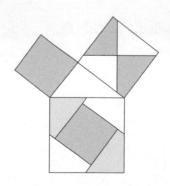

而麥克爾・哈迪（Michael Hardy）所提出利用圓形半徑的比例關係著手的方式，如下圖，也可以輕鬆證明勾股定理的存在。

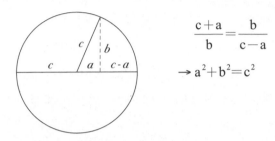

$$\frac{c+a}{b}=\frac{b}{c-a}$$

$$\rightarrow a^2+b^2=c^2$$

在中國，三國時代的劉徽也曾試著證明勾股定理，《九章算數》中他使用了和杜德耐相似的重新排列法，將小正方形分解後重新拼組成大正方形。

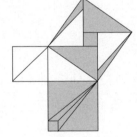

還有柏克（Burk）提出的，利用直角三角形各邊加倍後再進行證明的方式，如下圖。

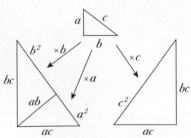

　　不過畢達哥拉斯定理的出現，卻反而帶給了畢氏學派巨大的危機。畢氏學派的學生希帕索斯（Hippasus）藉由畢氏學派的幾何學知識，證明了 $\sqrt{2}$ 不是「有理數」（即整數，或分數），而是「無理數（irrational number）」（即無法寫成分數的小數，小數點後有無限個數字，而且不會循環），就此證明了無理數的存在。

　　而無理數的存在大大的打擊了畢氏學派的中心思想——「萬物皆數」——他們堅信世界事由「神」用「數」所創，所有的數都必定是完美的整數，或可用兩整數的比來表達（即分數）。為此，他們將無理數取名為 Parálogos，在希臘文裡這表示「不合理的（irrational）」或者「非理性的」。而為了隱藏無理數的存在，有人說畢氏學派將證明無理數存在的希帕索斯流放，甚至有人說畢達哥拉斯親自下令將他處死。不過這都只是鄉間野談，單純增加些故事性罷了。

　　畢氏學派的象徵，是在正五邊形內畫上正五角星的模樣，如下圖。因為正五邊形內任兩條相交的對角線，會將彼此切割出「黃金分割（golden section）」。（即切割後，
線段總長：較長線段＝較長線段：較短線段≒ 1.618：1）

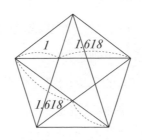

　　「黃金分割」的現象，早在西元前 4700 年左右的埃及金字塔上就可見到。「黃金分割」又稱為「黃金比例」，最初是由希臘數學家歐多克索斯（Eudoxus）所命名的。希臘人相當迷戀黃金比例，裝飾品、圖畫、雕刻、建築物上都喜歡使用黃金比例。不過黃金比例事實上正是一種無理數，極度害怕無理數存在的畢氏學派卻將身為無理數的黃金比例作為學派象徵，這其中還真是充滿了諷刺的意味啊。

　　雖然如此，但也正因為相信「萬物皆數」的畢氏學派將「數」視為如此神聖，才讓他們研究出了各種各類的數，例如「親和數」、「完全數」、「不足數」、「過剩數」、「有形數」等。首先，就讓我們來了解一下什麼是「親和數」。

　　如果有人問：「朋友是什麼樣的關係？」

　　畢達格拉斯會這樣回答：「朋友就像是另一種形式的我。就好像是 220 和 284。」

　　為什麼是 220 和 284 ？因為畢氏學派認為他們正是一組「親和數」，即兩正整數中，彼此的全部因數之和（本身除外），恰與另一數相等。以 220 和 284 這對朋友為例：220 的全部因數（220 除外）為 1、2、4、5、10、11、20、22、44、55、110，加起來的總和為 284；而 284 的全部因數（284 除外）為 1、2、4、71、142，加起來的總和恰為 220。

　　古希臘人為了找到親和數而做了很多的努力，但最後只發現 220 和 284 這一對親和數。因此，不只是畢達哥拉斯，古希臘數學家都認為親和數是神聖而具有魔力的，常被用在宗教儀式、占星術或魔法施咒中。

　　另外，古希臘人常用數字來表示羅馬字母，所以不管是什麼名字也都可以用數字來表示。因此，一對決定結婚的年輕男女，如果能從他們的名字當中得到一對親和數，那就象徵著幸福與完美的結合。說起來還滿像是東方人結婚時的「合八字」呢。

　　直到 17 世紀前半葉，除了畢達哥拉斯發現的 220 和 284 之外，沒

人找到其他親和數的存在。1636 年，法國的費馬（Pierre de Fermat）發現了 17296 和 18416 這一對親和數；接著 1638 年法國的笛卡兒（Descartes）發現了第三對親和數 9363584 和 9437056；1747 年瑞士的歐拉（Euler）運用歐拉法則找出了 30 對親和數，1750 年他又公布了另外的 30 對，在數學界引起了大震撼。有趣的是，本以為所有能夠計算出的親和數都已經被歐拉找到了，但 1866 年 16 歲的義大利少年尼可羅．帕格尼尼（Niccolò Paganini）卻發現了離 220 和 284 最接近的一對小親和數 1184 和 1210。直到目前為止，被發現的親和數大約是 1200 多對，而未來想必還會持續增加。

講完了「親和數」，接下來我們就來看看「完全數」。畢氏學派發現，6 的正因數 1、2、3 相加之總和，正好等於 6 本身。他們將這樣的數，稱之為「完全數」。就像尋找親和數一樣，他們也花了很多功夫去尋找完全數，而在找尋的過程中，他們又歸結出了另外兩種數：「不足數」以及「過剩數」。例如，15 的正因數是 1、3、5，正因數總和為 9，當某數的正因數總和比該數小時，則該數稱為「不足數」；另外，如 12 的正因數是 1、2、4、6，其合為 16，當正因數總和比該數大時，則該數稱為「過剩數」。

除了最初的完全數 6 之外，接在其後的完全數是 28，有人將 6 和 28 視為最偉大的數——因為神用 6 天的時間創造了世界；而月亮繞地球一周為 28 天。

奧古斯都（Augustus）甚至說：「神用 6 天的時間創造世界的理由，是因為 6 是個完全數。」

　　尋找完全數的過程相當困難。自古希臘時代以來，神祕的完全數在經過了 2000 年之後，數學家只找出包含 6 在內的 11 個完全數；1877 年以前又多找到了 1 個；直到 1950 年為止，只找到了 12 個完全數。1951 年和 1952 年，加州大學羅賓遜（Robinson）教授利用美國國家標準局的西部自動計算機（SWAC）找到了 5 個新的完全數，這是經過了 72 年之後的新發現。隨著電腦科技的進步，到目前為止共找到了 47 個完全數。

　　說完了親和數和完全數，接著我們來看看「有形數」吧。

　　事實上，關於親和數和完全數是否真是由畢氏學派所發現，仍有不少人持保留態度；但卻沒有人能否認「有形數」是畢氏學派所提出的論點。

　　「有形數」其實和畢氏學派認為「萬物皆數」有關，他們認為「數」和「形」有密不可分的關係，也會用小石頭來做為運算時的工具（有點像是中國的疇算），也因此蘊生了「有形數」的概念。有形數是可以排成一定規律形狀的數，和幾何學與算數皆有著密切的關係。以下列舉幾個比較常見的有形數序列：

　　三角形數：由 1 開始之自然數總和所形成的數。

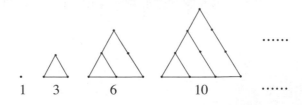

四邊形數（平方數）：即自然數之平方；亦等於由 1 開始之奇數總和。

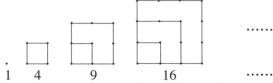

五邊形數：第 n 個五邊形數，是第（n－1）個三角形數的 3 倍再加上 n。

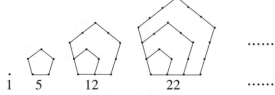

透過「有形數」，我們可以輕易地用幾何圖來證明一些數學觀念。如下圖，透過簡單的點和線，將四邊形切割為兩個三角形，就能證明「任一個四邊形數是連續兩個三角數的合」——第 4 個四邊形數，是由第 4 個三角數和第 3 個三角數之和。

又或者如下圖，「第 n 個五邊形數，是第（n－1）個三角形數的 3 倍再加上 n」。

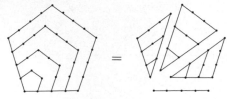

最後，我們可以透過簡單的算式來理解這些有形數。例如第 n 個三角數 T_n 就是等差級數的合，即：

$$T_n = 1 + 2 + 3 + \ldots\ldots + n = \frac{n(n+1)}{2}$$

第 n 個四角數 S_n 即是 n^2，而我們可以透過算式證明「任一個四邊形數是連續兩個三角數的合」：

$$S_n = n^2 = \frac{2(n^2+n-n)}{2} = \frac{n(n+1)}{2} + \frac{n(n-1)}{2} = T_n + T_{n-1}$$

第 n 個五角數 P_n 也可透過等差級數地算式來證明「第 n 個五邊形數，是第（n－1）個三角形數的 3 倍再加上 n」：

$$P_n = 1 + 4 + 7 + \ldots\ldots + (3n-2)$$

$$= \frac{n(2 \times 1 + (n-1) \times 3)}{2} = \frac{n(3n-1)}{2}$$

$$= n + \frac{3n(n-1)}{2} = n + 3T_{n-1}$$

3 數學是什麼？

　　工程學家、物理學家、數學家三人一起去旅行，並一同住在飯店裡。

　　吃過晚餐後，三人各自回房就寢。突然，對街的大樓猛地竄出火苗。看到火災的工程學家，馬上就帶著消防器材前去滅火；物理學家則跑到對街去測量火勢蔓延的速度、方向，再告訴周遭的人要準備多少的水和器材；那數學家呢？

　　數學家看著大夥，沉思片刻後說道：「別擔心，這場火一定有法子撲滅的。」接著就窩回被子裡去。

希臘的奧祕

　　希臘人天生對於美麗的事物相當執著，同時他們也喜好探究哲學的智慧。由於採取了奴隸制度，特權階級讓奴隸負責生產與作戰，因此有了足夠的休閒時間去發展藝術和學問，熱愛論證與抽象的知識。當進入鐵器文化時代後，隨著羅馬字母的發明、貨幣的出現與流通，以及地理學上的許多發現，這些都促成了經濟與政治上巨大變化，並帶來了安定的生活。這樣的前提背景，被人稱之為「希臘的奧祕（Greek mystery）」，它讓希臘人專心致力於政治和學問的研究，使得雅典成為當時繁榮的政治與文化中心。

　　希臘人專心致力於政治和學問，因此出現了一種叫「智者（Sophist）」的職業教師。最初這些人被稱為「智者」，而隨著不同學派的出現與辯論機會的增加後，這些人逐漸也被稱為「詭辯學家」。事實上，「詭辯學家」這個稱謂似乎更為恰當。

　　詭辯學家們最關注的研究命題就是「古希臘三大作圖難題」。這「三大作圖難題」是指在只能利用無刻度的尺和圓規的情況下，（1）三等分任一角；（2）化圓為方（即繪出一正方形其面積和一已知圓形一樣）；（3）倍立方體（即作出一正六面體其體積為一已知正六面體的2倍）。就像古代鍊金術士為了提煉金子而進行了相當多的實驗，最後促進了化學的發展；古希臘數學加為了解決三大作圖難題的努力，最後也促使數學有了長足的發展。

　　關於三大作圖難題，我們將於下一小節中探討，現在就先讓我們

來看看一位辯論學家的故事。

　　普羅泰格拉（Protagoras, 約 BC490 ～ BC420）是當時相當著名的辯論學家，所以相當多的人為了學習辯論而來找他。有一天，有一個貧窮的年輕人歐提勒士來找他學習辯論的方法；然而，歐提勒士因為貧窮，付不起學費。因此，他和普羅泰格拉做了一個約定：「老師，我現在付不出上課的費用，但等我學會辯論後，我將以替人打官司來掙錢，當我贏了第一場訴訟後再付您學費；當然，如果我的官司打輸了，那就代表您教的不夠好，我當然也就不付學費了。」

　　普羅泰格拉答應了，而歐提勒士就在普羅泰格拉底下免費學習辯論術。但隨著時間不斷的過去，這個傢伙卻遲遲沒有去爭取到任何出庭的機會，普羅泰格拉當然也就一直收不到錢。最後等得不耐煩的普羅泰格拉受不了了，決定向法庭控告這個弟子。因此，歐提勒士的第

一個訴訟，居然就是和他的老師普羅泰格拉打官司。

法庭上，普羅泰格拉提出了自己的辯論：「敬愛的法官大人，不論這場官司是輸是贏，我都應該拿到學費。如果我贏了，我應該拿到錢，因為這場官司的目的正是為了爭取到我應得的學費；如果我輸了，那麼依照當初我與歐提勒士的約定，我也應當拿到學費。」

而歐提勒士卻提出了另一個論點：「敬愛的法官大人，老師的論點乍看之下似乎是正確的；但事實上，不論是輸是贏，我都不應該付學費。因為這場官司的目的，正是要判決我應不應該付錢，如果我贏了，那當然代表我不需支付任何金額；但如果我輸了，依照當初我和老師的約定，我也不用付錢。」

如果你是法官，你會如何判決？

論證 詭辯

從中，我們可以看到邏輯學與詭辯學的不同。

邏輯學可以定義為「研究思維形式和法則的科學」。因此，邏輯學可以說是學習新知識的有效工具，同時，更可以透過具有邏輯正確性的有效論證，強而有力的說服或駁倒他人的謬誤辯論；反之，詭辯學利用各種邏輯錯誤（不論是有心還是無意），藉由「偷換命題」、「混淆證據」、「循環論證」等方法，強力主張自己的錯誤觀點。

其中，關於「循環論證」最具代表性的例子，是中世紀觀念論者對於「神性存在」的論證過程。關於論證過程中的詳細內容在此限於篇幅，不另多談，但他們為了證明「神性存在」此一命題，因而提出「神是完美的」的主張予以佐證；而為了證明「神是完美的」此一主張，又使用「神性存在」為其佐證。易言之，他們為了證明第一個命題，因而提出第二個命題作為論證依據；但為了證明第二個命題的存在，他們又使用第一個命題作為證明。換句話說，這兩個命題相互證明彼此的正確，卻沒有一個真正的論證過程，這就是「循環論證」。

在我們的日常生活中也存在著很多像這樣的詭辯，要對付詭辯最好的辦法，就是「以實踐為基礎來驗證真理」。

阿波羅的啟示

　　古代希臘人相當關心幾何作圖問題，即便到了現在，要使用無刻度的尺和圓規來作圖也會是個有趣的難題。而如前面所提到的「古希臘三大作圖難題」，更是讓二千年來的人們想破腦袋，直到 1895 年才由德國數學家菲利克斯・克萊因（Felix Christian Klein, 1849 ～ 1925）總結了前人的努力，證明了以下三大作圖難題：

　　（1）三等分任一角；

　　（2）化圓為方；

　　（3）倍立方體。

　　以上三者都是不可能達成的，而其中「倍立方體」和希臘神話間還有段故事呢。

　　據說在某段時期，希臘當地流行著一種恐怖的傳染病，當時的人們認為這是神所降下的災殃，於是前往德爾斐的阿波羅神殿，向這位象徵著醫術、學問、與預言的神祇祈求神諭。虔誠的禱告感動了阿波羅，於是祂告訴人們：「放置在我神殿前的正六角形祭壇，外形相當

好，但就是小了點，不太協調。因此，你們必須換上外形相同，但體積大兩倍的祭壇，那麼災禍就會消失，我也將賜予你們和平。」

人們接到神諭後非常開心，於是開始努力改建祭壇。但隨著新祭壇的完工，傳染病卻仍然沒有消失。人們不知道是哪裡出了錯，於是找了著名的哲學家來調查原因。哲學家仔細觀察新建好的祭壇後，說道：「你們真笨！你們把每邊的邊長增加了 2 倍，這樣體積是變成 8 倍！我想神只會更加憤怒吧。」

所以，為了得到兩倍的體積，每邊的邊長到底應該增加多少呢？對於當時的希臘人來說，要如何用無刻度的尺和圓規來解決這個問題呢？後來這個關於正方體體積倍數的命題就被稱為「德爾菲問題」。

接下來，在我們進一步探討「三大作圖難題」前，首先了解一下「只用無刻度的尺和圓規作圖」背後的意涵吧！只用無刻度的尺和圓

規作圖，所能得到的點，其位置必定是介於圓和圓、圓和直線、直線和直線間的交點上；兩點之間的最短距離即是線段。

由於當時古希臘人已經能夠用無刻度的尺和圓規做出長度為任意有理數以及 $\sqrt{2}$、$\sqrt{3}$、$\dfrac{\sqrt{5}-1}{2}$ 的線段，故透過指定任一線段為 1 單位長度，將所有的圓、直線轉化為以有理數做為係數的代數方程式，從而得到各點（x , y）與其相對距離。

換句話說，圓（半徑為 r）的方程式為：$x^2 + y^2 = r^2$；直線的方程式為：$y = ax+b$。圓與直線的關係就是二次方程式的關係：

$$x^2 + (ax+b)^2 = r^2 \rightarrow x^2 + a^2x^2 + 2abx + b^2 = r^2$$
$$\therefore (1 + a^2) x^2 + 2abx + b^2 - r^2 = 0$$

藉由指定 1 單位長度，我們可以透過二次方程式，並有限使用加

減乘除和開平方根來得到代數之數；換句話說，只能處理係數為有理數，且最多為二次方的算式關係。也因此，這初步解釋了化圓為方（即求做邊長係數為 $\sqrt{\pi}$ 之正方形）與倍立方體（即求做邊長係數為 $\sqrt[3]{2}$ 的正立方體）為何作圖不能，因為 $\sqrt{\pi}$ 與 $\sqrt[3]{2}$ 皆為無理數，同時也都無法用二次方程式來處理。

接著，讓我們進一步來了解「三大作圖不能」的原因：

（1）三等分任一角：

在此，我們試著用反證法，證明 60°的角無法被三等分。

如下圖所示，直角三角形中，一銳角 θ，故斜邊為 1 時，其鄰邊為 $\cos\theta$。

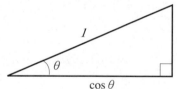

利用三角函數公式：

$$\cos(x + y) = \cos x \cos y - \sin x \sin y$$
$$\sin(x + y) = \sin x \cos y + \cos x \sin y$$

可得，

$$\cos 3\theta = 4\cos^3\theta - 3\cos\theta$$

在此，θ 為 20°為 60°的三等分角，即 $\cos 3\theta = \cos 60° = \frac{1}{2}$。
假設 $\cos\theta = x$，可得，

$$\cos 3\theta = 4\cos^3\theta - 3\cos\theta = 4x^3 - 3x = \frac{1}{2}$$

$$\therefore 4x^3 - 3x - \frac{1}{2} = 0$$

由此可知，此為一三次方程式，故無法作圖。

不過雖然無法用無刻度的尺和圓規三等分「任一」角，但其實若將範圍限定在直角的話，就可以成功的將其三等份了。

如下圖，以直角之點 O 為圓心畫出適當半徑之圓，圓與直角兩邊相交於 A、B。各以 A、B 為圓心，$\overline{OA}$ 與 $\overline{OB}$ 為半徑畫出和圓 O 相交於 C、D 之兩圓。$\overline{OC}$、$\overline{OD}$ 三等分 $\angle AOB$。

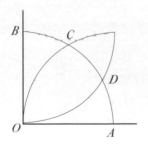
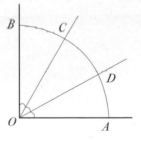

（2）化圓為方：

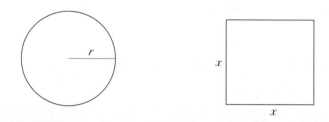

假設一圓之半徑為 r，所欲繪出之正四方形其邊長為 x，則

$$x^2 = \pi r^2 \quad , \quad r > 0 \quad , \quad x > 0 ,$$

所以 $x = \sqrt{\pi}\ r$

而作為係數的圓周率 π 為無理數，因而無法作圖。

（3）倍立方體：

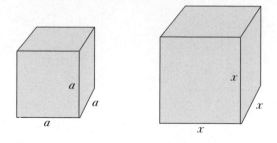

假設一正立方體邊長為 a，欲倍化其體積成為邊長是 x 的正立方體。

$x^3 = 2a^3$，$a > 0$，$x > 0$

$\therefore x = \sqrt[3]{2a}$

但 $\sqrt[3]{2a}$ 為開三次方，故作圖不能。

4 數學是什麼？

　　有一群人到深山去旅行。因為溪谷實在太美了，他們不知不覺地就走偏了道路，等到發現時已經迷了路。於是他們開始討論要如何離開這兒：「這裡是個峽谷，如果我們一同大聲喊就會有回音，即便在很遠的地方也可以聽見。只要有人聽到，就可以來幫助我們了！」

　　於是他們一同大聲的呼喊：「救命啊！我們迷路了！」

　　大約30分鐘過去了，終於從很遠地地方傳來某人的聲音：「喂！你們迷路了。」

　　接著，不論他們再怎麼期待，卻再也沒有其他聲音了。

　　迷路的人們中有個人苦笑道：「這傢伙一定是數學家！」

　　其他人好奇的問他怎麼知道的，他接著說：「很簡單，

原因有三個：第一，他在聽到問題後，思考了一陣子才給予我們回答；第二，他回應的答案是正確的；第三，他給的答案對我們來說一點用也沒有。」

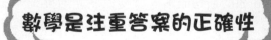

數學是注重答案的正確性

希波克拉底斯誓詞？

　　前面提過，「希臘的奧祕」讓希臘人能藉由奴隸制度進而全心發展學問與藝術。而其中，希臘人特別喜歡的圖形之一就是「新月形」（即弓形、圓弧形），而數學史中最初研究新月形面積計算法的人就是希臘契歐斯島（Chios）的希波克拉底斯（Hippocrates of Chios, BC440）。

　　大部分的人一聽到希波克拉底斯，大都會誤以為是「醫學之父」希波克拉底斯（Hippocrates of Cos, BC460），但他們兩人其實為不同人。

　　先來談談現代醫學誓詞的源流──「希波克拉底斯誓詞」其提出者「醫學之父」希波克拉底斯吧。他不但將當時的醫學從巫術與哲學中分離出來，更是癌症的最初命名者。現代癌症的英文「cancer」其語源就是「carcinoss」，也就是希臘文中的螃蟹。後世認為之所以如此命名，或許就因為癌細胞表面像蟹殼一樣堅硬，而周圍的贅生物也好似螃蟹的腳一樣向外伸展。

　　「醫學之父」希波克拉底斯在醫學界做出了重要的貢獻，而同名的數學家──希波克拉底斯──雖然在生活上有些不太精明，甚至被海盜騙走了所有財產；但也因此，為了謀生，讓他開始了教學生涯，

並促使他在數學研究的領域上擁有了兩項不容忽視的重要成就：

第一，他是最早寫就《幾何原本》的數學家。雖然最後已經失傳，而後人也只記得歐幾里德（Euclid）的《幾何原本》，但他卻是最早以邏輯方法進行整理，並推導出幾何定理和公設的重要數學家。

第二，即是一開始提到的「新月形面積計算法」。這同樣也是用無刻度的尺和圓規將新月形沿伸出一等腰直角三角形，進而形成一 $\frac{1}{4}$ 圓並加以計算。透過希波克拉底斯的研究，希臘人開始正視圓形面積

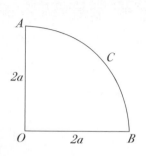

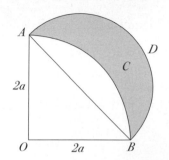

的算法以及其應用之可能。

如上圖，OACB 是 $\frac{1}{4}$ 圓，ADB 是半圓；等腰直角三角形 AOB 的邊長是 2a。

故，$\frac{1}{4}$ 圓 OACB 的面積＝ $\frac{1}{4}(2a)^2\pi = \pi a^2$

另外，半圓 ADB 中，$\overline{AB}$ 為直徑，依「畢達哥拉斯定理」可得：

$$\frac{1}{2}(\overline{AB}) = \frac{1}{2}\sqrt{(2a)^2 + (2a)^2} = \sqrt{2}a$$

故，半圓 ADB 的面積＝ $\frac{1}{2}(\sqrt{2a})^2\pi = \pi a^2$

因此，（$\frac{1}{4}$ 圓 OACB 的面積）＝（半圓 ADB 的面積）。

所以，如果兩者皆扣掉共同弧形 ACB 時，

可得，（△ AOB 的面積）＝（新月形 ACBD 的面積）。

理解了新月形面積的計算法後，這背後隱藏著什麼意義呢？事實上，面積問題的實用性有時候是超出「數學」課題之外的。例如土地問題，由於土地的面積範圍往往並不規則，計算起來相當困難；但透過新月形面積的計算法，我們可以知道，其實那些看起來不對稱或不完整的面積，仍是可以透過轉換成對稱、完整的型態予以計算。

如果新月形能夠當成三
角形，那麼滿月的圓形
也能夠視為正方形吧。

阿基里斯和烏龜

空間可以將它無限次地分割嗎？一般數學上是認同這樣的假設，但古希臘最著名的「芝諾悖論」卻對這個命題提出了很有趣的論點。

伊利亞（Elea）學派的哲學家芝諾（Zeno, BC490～430），他為了支持自己老師的哲學思想，因而提出了四大悖論（Paradox，悖論，是一種邏輯的矛盾，透過一系列正確的推論，最後卻會得出結果為假。藉此來證明或反駁其他命題論述）；這些悖論的提出對後來的微積分具有很大的影響。

「芝諾悖論」最有名的一個「兩分法悖論」，即對「將有限空間進行無限次的分割」進行探討。試舉例如下：

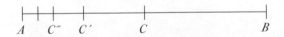

如上圖，從 A 點到 B 點，必定會經過中間的 C 點；若想從 A 到 C，則必定經過中間的 C'。如此將空間進行無限次的切割，最後從 A 出發移動到下一個點的距離必定是無限小，也就是幾近於「零」。換句話說，如果每次的移動都是「零」的話那就等於沒有前進，換句話說「運動」是不存在的。

　　「兩分法悖論」的提出，讓持反對意見的畢達格拉斯學派反駁道：「點是一種位置的存在，並沒有大小之分；就像時間，也是沒有大小的無限的時刻之聚合。」換句話說，他們並不認為移動距離為「零」這樣的觀念是成立的。

　　於是芝諾又提出了「阿基里斯悖論」來進行反駁：

　　試想，希臘神話中的英雄阿基里斯如果和烏龜賽跑，會得到什麼樣的結果？

　　如果比賽的規則是：烏龜先出發，一段時間後，阿基里斯再出發——那麼，阿基里斯將絕對追不上烏龜！這就是芝諾的「阿基里斯悖論」。

　　依照芝諾的說法，不論阿基里斯跑得多麼快，烏龜爬的又是多麼慢，烏龜都必定最先到達離出發點最近的第一個點；而當阿基里斯到達第一個點時，烏龜已經往前爬到了第二個點，所以他仍是在阿基里

斯的前方；當阿基里斯到達烏龜先前所在的第二個點時，烏龜仍在持續往前爬，因此，阿基里斯還是在烏龜的後面。如果以這種方式不斷進行，被追趕者將總是在追趕者前面，因此可以推論——「動得最慢的物體不會被動得最快的物體追上」。

反駁了「點是一種位置的存在，並沒有大小之分」後，芝諾又針對了「時間，也是沒有大小的無限的時刻之聚合」進行反駁，他提出了「飛矢不動悖論」：

假設時間是無限時刻的聚合，那麼在空中飛行的箭，在每個時刻都必定有其準確的位置；換言之，當箭在該時間點、處於該位置時，那個瞬間應該是靜止不動地。因此可以得出這樣的結論：箭在無限的時刻中處於無限的靜止狀態，因此箭不可能呈現運動狀態——換言之，「時間是沒有大小的無限的時刻之聚合」這個論述是錯誤的。

芝諾提出的四大悖論中，最後一個是「遊行隊伍悖論」，依照這個悖論，1 小時和 30 分鐘居然是一樣的？！

如下圖，A 為靜止不動之隊伍、B 隊伍往右移動、C 隊伍則往左移動。

```
       │ AAAAA │ AAAAA │
BBBBB  │ BBBBB │ →     │
       │     ← │ CCCCC │ CCCCC
```

```
│ AAAAA │ AAAAA │
│ BBBBB │ BBBBB │
│ CCCCC │ CCCCC │
```

假設 B 和 C 隊伍移動的速度相同，經過一單位時間後，A、B、C 三個隊伍將會如上圖這樣並列在一起。異言之，在這一單位時間中，B 隊伍對於 A 隊伍而言，經過了 5 個距離單位；但對於 C 隊伍而言則是 10 個距離單位。也就是說，同樣在一單位時間中，同樣的速度下，既可移動 5 距離單位，也可移動 10 距離單位；這代表著移動 5 距離單位，既是一單位時間，也是二分之一單位時間。因此，「任一個時間和該時間的一半一樣」的悖論就成立了。是不是很有趣呢？

5 數學是什麼？

　　要計算圓的面積，最重要的就是圓周率（圓周和直徑的比率）π。對於圓周率的研究有相當悠久的歷史，古代埃及人當時使用的 π 大約相當於3；而阿基米德則是最早以科學的幾何方法算出 π 的科學家。

　　為了找出 π 的正確值，數學家們作了相當大的努力。1873年威廉・向克斯（William Shanks）在努力了15年之後，計算到小數點後第707位，只可惜到了1946年卻被證實其數值並非全對；隨著電腦科技的發達，1999年東京大學的金田康正和高橋計算到小數點後第206,158,430,000位；2011年由56歲的電腦系統工程師近藤茂創下世界金氏紀錄，推算出小數點後第10,000,000,000,000位為5。

　　而關於 π，下頭有個有趣的小故事。

大約是 3 吧

數學家、物理學家、工程學家各自對 π 做了定義：

數學家說：「π 就是圓周和直徑的比率。」

物理學家說：「π 就是 3.1415927，誤差大約是 0.000000005。」

工程學家則說：「π 大約是 3。」

數學不會錯，但未必實用

證明，不需要語言

　　希臘的數學，是從幾何學開始的，古希臘人甚至也用幾何圖來表示數（請參見第二章）。舉例來說，表示「平方」的「square」正是計算正方形（square）面積時出現的；表示「三次方」的「cube」是計算正六面體（cube）的時候出現的。

　　透過幾何學的圖像，就來讓我們來推演出一些簡單的代數算式：

1. $(a + b)^2 = a^2 + 2ab + b^2$

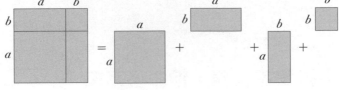

2. $(a - b)^2 = a^2 - 2ab + b^2$，$a > b$

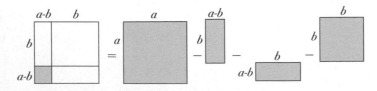

3. $a^2 - b^2 = (a + b)(a - b)$ ，$a > b$

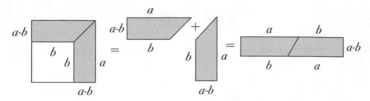

4. $(a + b)^2 = (a - b)^2 + 4ab$ ，$a > b$

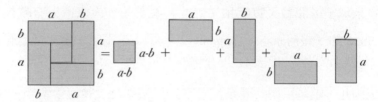

5. $a(b + c) = ab + ac$

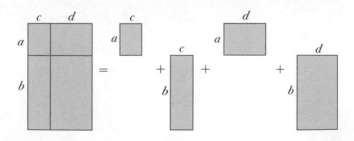

6. $(a + b)(c + d) = ac + bc + ad + bd$

沒有王道

在地球上，閱讀人數能和《聖經》媲美的，大概也只有歐幾里德（Euclid）的《幾何原本（Elements）》了；說不定，還比《聖經》多那麼一些呢！

也因此，歐基里德的《幾何原本》又被稱為「幾何學聖經」。

《幾何原本》共 13 卷，1482 年首次出版，到目前為止總共印了超過 1000 刷。事實上，二千年多年來的幾何教科書中，我們都可以看到《幾何原本》的身影，也就是說，如果你有上過國中，就代表你已經看過《幾何原本》！

《幾何原本》是一本集過去所有幾何理論於大成的書。約於西元前 300 年左右完成，在西元 1500 年印刷術普及前，都是以手抄本的形式在流傳。

《幾何原本》的內容概述如下：

第一卷，幾何基礎。共由 48 個命題所組成。前 26 個命題主要是談論三角形的性質和三個定理；後 6 個命題是關於平行線定理和三角形內角合為 180°的定理論證。剩餘的部份則是探討平行四邊形、三角形、正方形等的面積問題。全卷的最後兩個命題，是畢達格拉斯定理和該定理的反證。簡單說來，第一卷的內容大多是畢氏學派早期的研究成果。

第二卷，幾何與代數。討論面積的轉換和畢氏學派的幾何代數學，共 14 個命題。

第三卷，圓與角。共 39 個命題，收錄圓、弦、割線、切線的各種定理。

第四卷，圓與正多邊形。共 16 個命題，討論已知圓的某些內接和外切正多邊形的尺規作圖問題。

第五卷，比例。針對歐多克索斯（Eudoxus）的比例理論進行闡述，此卷被認為是數學文獻中最傑出的巨作。

第六卷，相似。是各卷中所佔比例最多的一卷，將歐多克索斯的比例理論應用到了相似圖形的研究上，探討相似三角形的基本定理、第三比例項、第四比例項、比例中項、二次方程式的幾何學作圖、畢式定理，以及其他幾個命題。

第七卷，數論。介紹如何求出兩整數的最大公約數——「歐幾里德輾轉相除法（Euclidean algorithm）」。另外也介紹了畢氏學派的數論和一些數字的基本性質。

第八卷，數論。討論連比例的等比數列，例如 $a : b = b : c = c : d$，

a、b、c、d 即形成等比數列。

第九卷，數論。收錄了「算術基本定理（fundamental theorem of arithmetic）」：「大於 1 的自然數必可寫成質因數之積，且方法只有一種」；另外，也探討了等比數列的求和公式。

第十卷，無理數。此卷是《幾何原本》當中最為難懂的內容，但許多學者也認為此卷是《幾何原本》中最令人感到驚嘆的部分，因為裡頭居然記載了早在畢達格拉斯前的一千年前，古巴比倫人已然知道了「勾股定理」。

第十一卷，立體幾何。討論空間、直線、平面、以及平行六面體的定義與定理。

第十二卷，立體的測量。討論立體的體積。

第十三卷，建正多面體。此卷是《幾何原本》的最後一卷，討論了五種內接正多面體的作圖，並證明了不存在更多的正多面體。

《幾何原本》的出現，引起了世界的注目。而其成就正是建立在此之前眾多數學家的努力。也因此，透過《幾何原本》，現在的數學家才能努力不懈的往前探索這些數學知識的源頭。

歐幾里德雖然留下了如此的鉅著，但他個人的生平卻是不詳。據推測他是生活在西元前 323 年，由托勒密一世（Ptolemy）統治埃及的時代。以下有兩個關於歐幾里德的小故事：

托勒密王向歐幾里德學習數學，不過因為幾何學實在太難了，他忍不住問道：「學習幾何學，有沒有比較容易的方法啊？」

歐幾里德這麼回答：「陛下，人世間有兩種道路，一種是一般老

百姓走的普通；另一種則是專門為大王您鋪設的王道。然而，幾何學中可沒有王道。」

身為國王的托勒密王，他或許叱吒天下，但在幾何學的領域裡卻也只能乖乖就範。

另一個故事則是這樣的：

有一次，當歐幾里德才正要開始教導一批學生們幾何學的時候，其中一個學生就這麼問道：「老師，學了幾何學後，到底可以獲得什麼呢？」

歐幾里德當下召來了僕人說：「給那個學生一塊錢吧！他居然想從學習中獲得利益！」

從中可知，歐幾里德似乎並不認為學習、或說數學，是什麼賺錢的好工具啊！

6 數學是什麼？

問題：2×2等於多少？

工程學家：「依據數學的各種理論，大約是3.99。」

物理學家：「可以在3.98和4.02之間求得這個值。」

數學家：「雖然我不知道正確的答案，但可以肯定答案是存在的。」

哲學家：「必須要先了解2×2的含義是什麼？」

邏輯學家：「為了理解2×2的意義，首先要針對2×2進行嚴格定義。」

會計師呢？

他會將建築物內的所有門窗關起來，確認四下無人後才小心翼翼地悄聲回答道：「你想要什麼樣的答案？我可以配合你。」

數學是絕不說謊

人類最初的裸奔者

　　說到數學，就不能不提到阿基米德（Archimedes, BC287 ～ BC212）。

　　阿基米德是數學史上最偉大的數學家。他出生於西元前287年今義大利南部西西里島的敘拉古（Siracusa），父親是天文學家與數學家。由於父親與敘拉古國王海維隆二世（Hieron）交好，阿基米德很得國王的寵愛，並曾在亞歷山大城進修多年。他的朋友卡農（Conon）、多西修斯（Dositheous）、埃拉托斯特尼（Eratosthenes）等也都是這兒出身的著名學者。

　　當年羅馬為了佔領敘拉古，曾經打了超過3年以上的持久戰，阿基米德就是在敘拉古被佔領的那一天去世的。而敘拉古之所以能夠抵抗羅馬將軍馬塞盧斯（Marcus Claudius Marcellus）的攻擊長達3年，主要也是靠了阿基米德那各式各樣的發明。當中包括了可以調整射程的弩弓、在城牆的任一角落都可以向迅速靠近的敵艦發射重物的投射武器，以及可以將敵軍船隻吊高的移動式巨大起重機；另外還有「阿基米德式螺旋抽水機」、風車、槓桿、滑輪等發明。甚至還有傳說提到，他利用巨大的凸透鏡燒了敵軍的船隻！

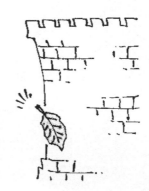

　　長年的戰爭下來，有的羅馬士兵一看到城牆上的落葉，居然都開始懷疑起那是不是阿基米德的新發明，因而不敢隨便靠近。

　　不過敘拉古雖然在阿基米德的發明保護下得到了短暫的安全，但卻由於疏忽，在祭祀月亮女神阿耳忒彌斯（Artemis）的慶祝活動中喝得爛醉，疏忽了守衛，最後仍是抵擋不住羅馬大軍的入侵。

　　傳說中馬塞盧斯將軍一看到城內的美麗景觀，想到自己的士兵將掠奪並毀壞這些美景，不禁難過得哭起來了。

　　而這時候的阿基米德在哪呢？

　　據說，當阿基米德聚精會神的研究幾何學時，會把大部分的圖案在爐灰或是沙灘上繪出。當羅馬大軍衝進敘拉古的當下，阿基米德也正在沙灘上繪圖研究。當羅馬士兵靠近他，要求他離開時，他卻下意識的揮了揮手說：「不要踩到我的圖。」

　　庸俗的士兵哪曉得他就是阿基米德，就這麼一劍殺死了人類歷史上最優秀的數學家！

事實上尊崇阿基米德的將軍馬塞盧斯，在佔領敘拉古前，就特別叮囑過士兵們要活捉阿基米德，但天不從人願，阿基米德最終還是死在了戰爭之中。心痛的馬塞盧斯為了紀念阿基米德，依照阿基米德生前的遺言，將他最喜歡的成果之一——「球內切圓柱」的圖形——刻在了墓碑上。

如下圖，阿基米德從這個圖形中，發現了和諧美麗的幾何定理，因此平日就經常告訴家人，如果有一天自己死了，一定要將這個圖案刻在墓碑上。

如果圓柱底的圓半徑是 r、圓柱高度是 h，這個圓柱的體積是

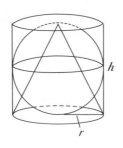

$\pi \mathrm{r}^2 \mathrm{h}$；圓錐體體積為 $\frac{1}{3}\pi \mathrm{r}^2 \mathrm{h}$；內接球體的體積是 $\frac{4}{3}\pi \mathrm{r}^3$。而其中，球與圓柱內接，因此，圓柱的高 h ＝ 2r。因此，三者體積比如下：

$$ 圓錐：圓球：圓柱 = \frac{2}{3}\pi \mathrm{r}^3 : \frac{4}{3}\pi \mathrm{r}^3 : 2\pi \mathrm{r}^3 = 1：2：3 $$

1：2：3 的比例，讓阿基米德認為沒有比這個圖更完美、更和諧的了。因為當時古希臘學者們都認為，宇宙正是由和諧的數字所組成，他們深信 1、2、3、…… 這些整數數列，更是其中最重要的構成份子。也因此，這個圖形完美地證明體現了他們對宇宙哲學的概念，難怪會深受阿基米德的喜愛。

阿基米德去世後二千多年，1965 年，在敘拉古某間飯店的建築施工中，他的墳墓意外被找到了，雖然征服者已然遠去，但阿基米德的精神，以及他說過的這句話卻永存眾人的心中——「給我一個支點，我可以舉起整個地球。」

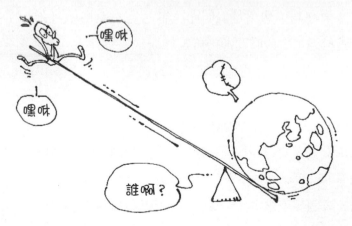

接著，讓我們來說說阿基米德最為人津津樂道的小故事吧！

阿基米德深受當時敘拉古國王海維隆二世的寵愛。一天，國王拿到了一頂純金皇冠，它的外型莊嚴而絕美，國王一拿到就愛不釋手。但卻也聽到有謠言說，這頂皇冠裡參雜了很多銀。所以國王就向聰明的阿基米德問道：「這個皇冠如此的完美，有沒有辦法在不破壞皇冠的情形下，知道其中是否參有雜銀呢？」

阿基米德為了想出這個問題，專心地在實驗室裡進行了各種實驗，就這樣過了一段時間卻仍舊苦無辦法。有一天，當他正要泡進澡盆裡放鬆一下時，他注意到隨著身體的進入，不少水溢出了澡盆之外。他靈光一閃，發現到溢出的水跟自己身體的體積是一樣的！因此他領悟到了密度的道理，當物品的體積相同時，他們進到水中後將會排出相同的水量。因此只要找到和皇冠相同重量的金塊，再看兩者的體積是否相等，就可以知道皇冠是否參進雜銀了！

由於這個發現來得太過突然，連阿基米德都忘了自己是光著身子

的，還一邊大喊著：

「Eureka, Eureka（找到了，找到了！）」

一邊裸跑到了大街上。

於是，阿基米德不但從此發現了浮力和相對密度理論，更成為了人類歷史上的第一位裸跑者！

最後，讓我們來介紹一下阿基米德的《沙粒的計算》（或稱為《數沙術》）。

在阿基米德之前，古希臘最大的單位是 10,000，當時的人以 M 來表示 10,000，因此當時的數最多只能表達到 10,000 的 10,000 倍，即 $10,000 \times 10,000 = 10^8$，也就是一億。而阿基米德則利用指數概念，將 $1 \sim 10^8$ 的數稱為「第一級數（Octad）」，$10^8 \sim 10^{16}$ 為「第二級數」，以下由此類推。

同時，他也用同樣的方法將 10^8 級數，也就是 $1 \sim 10^{800000000}$ 的數稱為「第一週期數（Period）」，以此類推，「第二週期數」是接續第一週期數到 $(10^{800000000})^8 = 10^{6400000000}$，「第三週期數」是接續第二週期數到 $(10^{800000000})^{16} = 10^{12800000000}$。

最後，透過相同的方法以循環方式就能表現極大的數字。例如阿基米德就認為，散佈在世界各地的沙子個數是「第一週期數」中的「第七級數的千單位」，即：

$10^{51} = 1000000000000000000000000000000000000000000000000000$

當然，他這樣的說法雖然有點誇大，但也不是全然亂講的。當知

道一固定體積的立方體中可以盛裝的沙子數量，即可藉由推算地球的大小，而得知若用沙子組成地球其所需要的數量了。

他認為，如果要用沙子將宇宙填滿，就需要 10^{63} 的沙子。

當時人們所知道的宇宙只包含地球、太陽、月亮、金星、水星、火星、木星、土星。而他們也認為，太陽和 7 個行星加起來的大小是比地球的 10,000 倍小。即太陽和 7 個行星若用沙子為單位來做計算，是 $10,000 \times 10^{51} = 10^{55}$，$10^{63} - 10^{55}$，就是足以填滿宇宙間剩餘空間的沙子總數。而 $10^{63} - 10^{55}$，實際上運算起來，這就好像是 1 億元減掉 1 元一樣。因此，可以了解當時的人們認為宇宙有多麼巨大了。

這種用沙子來推算世界的想法雖然有點荒唐，但卻也從中將數字的觀念範圍拓展到了一個無窮巨大的範疇。

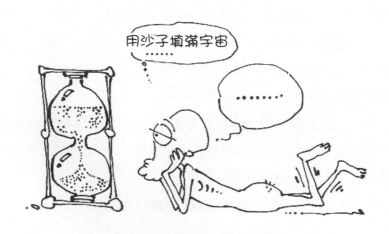

丟番圖的年紀

　　《巴拉汀選集（Palatine Anthology）》，又稱《希臘詩文選（Greek Anthology）》，提供了許多古希臘時關於代數問題的相關資訊，共收錄了 46 首短詩。

　　西元 500 年左右，由文學家梅特羅多勒斯（Metrodorus）所編輯而成的本書，收錄了很多從早遠時代流傳下來的問題。而有的問題其實是當年的柏拉圖（Platon）為了轉換心情而想出來的，其內容和《萊因德紙草書》（Rhind Papyrus）裡的有些雷同。

　　以下列舉幾個從中摘錄的有趣問題：

第一個問題：

　　請參閱下述刻在丟番圖（Diophantus，人稱「代數之父」）墓碑上的墓誌銘，並從中計算出他的年紀。

　　墳中安葬著丟番圖。童年占六分之一，又過十二分之一，兩頰長鬍，再過七分之一，點起結婚的蠟燭。五年之後天賜貴子，可惜其享年僅及其父之半。悲傷，只有用數學的研究去彌補。又過四年，他也走完了人生的旅途。

那麼丟番圖到底幾歲？

假設丟番圖的年紀是 x，則

$$\frac{1}{6}x + \frac{1}{12}x + \frac{1}{7}x + 5 + \frac{1}{2}x + 4 = x$$

$$\therefore x = 84$$

第二個問題：

請問德摩卡里斯（Demochares）的年紀。

德摩卡里斯的一生，童年時期占了四分之一，青年時期占了五分之一，壯年時期占了三分之一，最後是十三年的老人生活。

那麼德摩卡里斯到底活了多久？

啊！我忘記了
我的年紀！

假設德摩卡里斯的年紀是 x，則

$$\frac{1}{4}x + \frac{1}{5}x + \frac{1}{3}x + 13 = x$$

$\therefore x = 60$

第三個問題：

蘋果分給六個人，第一個人給 $\frac{1}{3}$，第二個人給 $\frac{1}{8}$，第三個人給 $\frac{1}{4}$，第四個人給 $\frac{1}{5}$，第五個人給 10 個，第六個人給 1 個。

請問共有幾顆蘋果呢？

假設蘋果的數量為 x，則

$$\frac{1}{3}x + \frac{1}{8}x + \frac{1}{4}x + \frac{1}{5}x + 11 = x$$

$\therefore x = 120$

在第一個問題中提到的「代數之父」丟番圖，是《算術（Arithmetica）》（又譯做《數論》）的作者，大約生活在西元前 250 年到西元前 150 年左右。《算術》共 13 卷，但只有 6 卷保留至今，其內容主要闡述了代數數論，是第一個使用代數、也是第一個承認分

數為一種數的希臘數學家，這些創舉和研究，奠定了丟番圖在數學史上的定位。

　　《算術》的現存部分，約略是 130 個關於求解一次方程式、二次方程式和三次方程式，另外也特別的討論到了不定方程式。而《算術》中也提到了一些數論的深奧定理，例如，雖然他並沒有進行論證，但卻已然提出「$x^n + y^n = z^n$，當 $n > 2$，x、y、z 無整數解」的定理雛形。後來的數學家如弗朗索瓦‧韋達（Francois Viete）、克勞德─加斯帕‧巴歇‧德‧梅齊里亞克（Claude-Gaspard Bachet de Méziriac）、費馬等也追隨其腳步，繼續將這些高次方程式定理發揚光大。「$x^n + y^n = z^n$，當 $n > 2$，x、y、z 無整數解」即「費馬最後定理」，後由費馬、歐拉、勒讓德（Adrien-Marie Legendre）等人分別完成了部分的證明，也間接的催生了許多後世重要的數學定理。

　　以下列舉幾個從《算術》中摘錄的有趣問題：

第 2 卷的第 28 個問題：

兩平方數相乘後，再分別與兩數相加，其後各可得一新平方數。
試找出此兩平方數為何？

丟番圖給的答案是：$(\frac{3}{4})^2$，$(\frac{7}{24})^2$

第 3 卷的第 6 個問題：

三數之和為平方數，其中任二數的和也是平方數，求此三數為何？

丟番圖給的答案是：80，320，41

第 4 卷的第 10 個問題：

二數，其和等於其立方和，試找出此二數為何？

丟番圖給的答案是：$\frac{5}{7}$，$\frac{8}{7}$

第 6 卷的第 1 個問題：

求一組畢氏三數（直角三角形三邊），其斜邊減掉任一直角邊，
其值皆為立方數。

丟番圖給的答案是：40，96，104

丟番圖在代數學的發展上擔任了重要的角色，是古希臘第一個使
用符號來作為代數方程式的數學家。後世的人們就用「丟番圖方程」
或「丟番圖問題」來稱呼「不定方程」（即整係數多項式方程）。

以下列舉幾個在《算術》中出現過的代數符號。

　　「未知數的平方」是以 Δ^T 來標示，這是希臘語中表示「平方」的「dunamis（ΔTNAMIΣ）」的頭二個字母。

　　「未知數的立方」是以 K^T 標示，這是希臘語中「立方」的「Kubos（KTBOΣ）」的頭二個字母。

　　「未知數」用與 sigma 相似的 ς 來表示。

　　「常數」則用代表「單位圓」的希臘語「monades（MONAΔEΣ）」的縮寫 M^O 標示。

　　「減法」的符號 $\wedge$ 是從希臘語的「不足」——「leipis（ΛEIΨIΣ）」中取出 Λ 和 I 的合成字。

　　而代表各個數字的希臘字母如下表：

1	α（alpha）	60	ξ（xi）
2	β（beta）	70	o（omicron）
3	γ（gamma）	80	π（pi）
4	δ（delta）	90	coppa（古語）
5	ε（epsilon）	100	ρ（rho）
6	digamma（古語）	200	σ（sigma）
7	ζ（zeta）	300	τ（tau）
8	η（eta）	400	υ（upsilon）
9	θ（theta）	500	φ（phi）
10	ι（iota）	600	χ（chi）
20	κ（kappa）	700	ϕ（psi）
30	λ（lambda）	800	ω（omega）
40	μ（mu）	900	sampi（古語）
50	ν（nu）		

其中，digamma、coppa、sampi 的符號各自為：

$$\varsigma \quad \varrho \quad \lambda$$

如果利用以上這些符號來表達數字的話：

$$31 = \lambda\,\alpha\;;524 = \phi\,\kappa\,\delta$$

而用這些符號來表達方程式的話：

$$2X^3 + 3X^2 - 7X + 4 = K^T\beta\,\Delta^T\gamma\,M^O\delta\wedge\varsigma\,\zeta$$

7 數學是什麼？

在運算時，我們總會不加思索的使用一些已知的理論，又或者直接導出一些自以為是簡單而理所當然的直覺式答案，但這中間往往隱藏著謬誤。以下的公式中就藏著這樣的陷阱：

a為非0的任一實數，如果 b是與a相等的實數，則可導出公式如下：

$$b=a \rightarrow ab=a^2 \rightarrow ab-b^2=a^2-b^2$$

$$(a-b)b = (a+b)(a-b) \rightarrow b=a+b$$

$$\therefore a=2a$$

換句話說，這不就是1＝2？

這個結論當然是錯的，但到底是哪裡出錯了呢？

原因很簡單，那就是0不可為除數，也就是兩邊不可同時除以（a－b）。

同樣的，我們假設a和b皆是不為0之任一實數，

且a＋b＝2c，

則：$a+b=2c \rightarrow (a-b)(a+b) =2c(a-b)$（＊）

→ $a^2 - b^2 = 2ca - 2cb$

$a^2 - 2ca = b^2 - 2bc$

兩邊同加c^2，可得：

$a^2 - 2ca + c^2 = b^2 - 2bc + c^2 \rightarrow (a-c)^2 = (b-c)^2$

→ $a - c = b - c$

$\therefore a = b$

這次的陷阱藏在哪呢？

如果$a = b$，則$a - b = 0$，那麼在第二步驟中（＊）將兩邊同乘0，基本上就錯了。

數學有時充滿陷阱

柏拉圖立體

　　從古希臘時代開始，繪製正多邊形和正多面體就一直是眾人關心的問題，當時的人關心的是如何只用無刻度的尺和圓規來繪製出正多邊形和正多面體。不過到了現在，人們已經可以使用電腦就輕鬆繪出這些圖形。

　　不過，就目前已知的方法中，我們究竟可以畫出哪些正多面體呢？

　　答案是，正四面體、正六面體、正八面體、正十二面體、正二十面體，共五種。其中正四面體、正六面體、正八面體最早是由埃及人所繪出，不過真正使用科學方式做研究的，卻是希臘人。正四面體、正六面體、正八面體的理論是由畢達格拉斯與其弟子所做出的貢獻；正十二面體、正二十面體的理論是由特埃特圖斯（Theaetetus）所提出的。而這五個多面體則因為被柏拉圖記錄在《蒂邁歐篇(Timaeus)》內，故又被稱為「柏拉圖立體」。

　　柏拉圖認為「四古典元素」其形狀應為：火之元素為正四面體，土之元素為正六面體，空氣元素為正八面體，水之元素為正二十面體。而剩下的正十二面體則被他視為大宇宙的象徵，他曾說：「神使用正十二面體以整理星空，定義宇宙的輪廓。」──由此可知，其實柏拉

神用這個來定義
宇宙的輪廓

圖對正多面體的研究並不單純是從數學的觀點出發的。

細論正多面體，其判定要件有三：（1）正多面體的面由正多邊形構成；（2）正多面體的各條棱邊都相等；（3）正多面體的各個頂角相等，且各頂點的角度必小於 360°。

正四面體：

如下圖，利用正三角形，我們可以構成的正多面體為正四面體。正三角形的一內角是 60°，故正四面體的一頂點為 $60° \times 3 = 180° < 360°$，符合正多面體的判定要件。

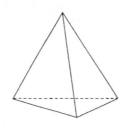

正八面體：

如下圖，利用八個正三角形，我們可以構成正八面體。其一頂點為四個正三角形所組成，$60° \times 4 = 240° < 360°$，符合要件。

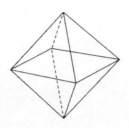

正二十面體：

如下圖，以相同的方式，我們可以構成以五個正三角形為一頂點的正二十面體。另外，由於超過五個的正三角形組成一頂點時，其角度將不小於 $360°$。因此，不會出現以正三角形為一面，而其面數大於正二十面體的正多面體組合。

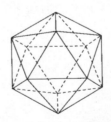

正六面體：

如下圖，利用正方形，我們可構成的正多面體為正六面體。正四方形的一角為 $90°$，$90° \times 4 = 360°$，不小於 $360°$。故由正方形所組成的正多面體，其一角必由三個以下的正方形所組成，而由三個正方形

組成一角的正多面體即為正六面體。

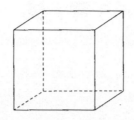

正十二面體：

最後，我們可以利用每三個正五邊形組成一角，而構成正十二面體。正五邊形其一角是 $108°$，$108° \times 3 = 324° < 360°$。符合要件。

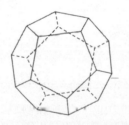

在上面，我們用了正三邊形、正四邊形、正五邊形構成了五種正多面體；而正六邊形以上的正多邊形，由於每個角的角度都很大，其三個正多邊形所組成的一角都必定不小於 $360°$。換句話說，無法用正六邊形以上的正多邊形製造出正多面體。因此，正多面體只有正四面體、正六面體、正八面體、正十二面體、正二十面這五種。

一千零一夜

　　關於三次方程式大多數的解法大多是由 16 世紀義大利學者所發現；然而，三次方程式的幾何解法則是由 11 世紀的波斯詩人兼數學家──奧瑪‧珈音（Omar Khayyam, 1048 ～ 1122，又譯做歐瑪爾‧海亞姆）所提出。而他更有著一段廣為流傳的故事，內容就好像《一千零一夜》裡頭的故事一樣精采。

　　11 世紀後半葉，波斯住著三個年輕人，他們跟隨著最偉大的賢人伊瑪目莫瓦法克（Imam Mowaffaq，Imam 是阿拉伯語中的「領袖」）學習，這段日子，讓他們變成了非常親近的好朋友。他們的名字是尼札姆（Nizam）、哈桑（Hassan）與奧瑪‧珈音。

　　他們三人都非常優秀，所有的人都相信有他們遲早會變成大人物。某日，哈桑向這兩位朋友這麼說道：「我的朋友們！我們三個人日後不論是誰功成名就了，一定要記得幫助其他兩個人啊！」尼札姆和奧瑪都認同了這個想法，於是三人一同立下了重誓。

　　後來，尼札姆成為了塞爾柱帝國國王阿爾普‧阿爾斯（Alp Arslan）的首席大臣。為了遵守約定，他造訪了他的朋友們。首先，他找到了哈桑，問他需要什麼幫助。

哈桑說：「我想要權力，請讓我當上大官！」

於是尼札姆將他推薦給國王，哈桑得到了權位。

接著，尼札姆造訪了奧瑪，問他需要什麼樣的幫助。

奧瑪這麼回答：「請給我一個居住的地方，讓我能夠好好祈禱，並且研究數學。」

於是奧瑪得到了一間房子，並且每年可以從庫房中獲得 1,200 百密（mithkals）的黃金。

兩個好朋友都各自得到了他們想要的了。但哈桑卻不因此而滿足，私底下一直想盡辦法要趕走尼札姆好取代他的地位。最後，哈桑的計謀被拆穿，因而遭到了放逐。

哈桑在不幸的徬徨中，成為了瘋狂教派「阿薩辛派」的首領。1090 年他率領部眾掠奪了裏海南部山岳地帶的阿拉穆特城（Alamut，波斯語中的「鷹窠」），並以此為據點襲擊路過的商隊，成為了惡名

昭彰的盜賊團。哈桑的外號是「山中老人」，整個伊斯蘭世界因為他而驚懼，尼札姆最後也死在他的手上。現代英文中，「assassin」是「暗殺」或「刺客」的意思，這便是來自於哈桑一派為了發動奇襲時所使用的口號──而其根源是自「麻醉劑（hashish）」的諧音而來。

　　一個朋友死了，一個朋友成為了盜匪，而奧瑪呢？他守在自己的小房子中，努力的找到了三次方程式的幾何解法，讓數學的光輝照耀在阿拉伯的大地上。另外他也留下了精采的四行詩集《魯拜集（Rubaiyat）》，成為了歷史上的重要人物。

　　1123 年，奧瑪‧珈音死於尼沙布爾（Nishapur）。

　　奧瑪生前，經常和弟子尼扎米‧赫瓦雅（Nizami Ganjavi）在庭園中散步；一日，他忽然這麼說道：「我要告訴你一件事，赫瓦雅，我的墳墓所在之處，北風將把玫瑰花散落其上。」當時的尼扎米只感到一陣錯愕，而身為老師的奧瑪卻只笑笑地沒多做解釋。

　　後來尼扎米離開了，一直到奧瑪死後很久才歸來。尼扎米最後在

北風的引領下，從玫瑰花叢中找到恩師的墳墓。

1884 年，《倫敦新聞畫報（Illustrated London News）》的巡迴畫家辛普森（W. Simpson）造訪了尼沙布爾，並前往拜訪藏在玫瑰花下奧瑪·珈音的墳墓。

他從這兒取了玫瑰花種子帶回英國，並於 1893 年 10 月 7 日把這些種子種在愛爾蘭翻譯作家愛德華·菲茲傑拉德（Edward Fitzgerald）的墓旁——正是菲茲傑拉德翻譯了奧瑪最著名的四行詩集《魯拜集》（或譯作《柔巴依集》），因而使得西方世界認識並深深愛上了奧瑪那迷人的詩文。

三個好朋友，分別是偉大的宰相、沉睡在花叢墓中的詩人學者、以及恐怖的盜賊。

講述完了奧瑪·珈音的生平，接著我們就來看看他在科學與數學領域的傑出成就吧！

在科學領域中，他驚人地將曆法修訂到非常精確的程度；在數學領域上，他對歐幾里德第五公設——平行公設（Parallel Axiom）提出了批判，比沙卻利（Saccheri）的研究還早了 600 年左右。（沙卻利為 17 世紀的義大利數學家，於 1733 年在著作中嘗試證明第五公設的謬誤，催生了「非歐幾里得幾何學」）

最後，奧瑪更以幾何學的方式來解三次方程式，對於阿拉伯的代數學發展具有很大的貢獻。

阿拉伯人對於數學的貢獻非常巨大，然而，除了奧瑪以及少數的幾人外，大部分的阿拉伯人沒能創造出新的數學。但是他們在中世紀的黑暗中，保管了世界上眾多的知識，並將它們傳承給了後來的歐洲人，扮演了人類知識傳遞與發展的重要角色。他們將古希臘的大部分著作翻譯成阿拉伯文，銜接了東方與西方的文化。例如，我們使用的數字 1、2、3……，也正是透過阿拉伯人把它們從印度帶到了歐洲，所以我們現在才稱呼它們為「阿拉伯數字」。

另外，阿拉伯人不僅負責了知識傳遞的角色，他們也創造出了各種數學用語。這些數學的專門用語相當多，其中有部分用語與其意義無關，但也有如同「代數（Algebra）」一樣，是具有意義的用語── Algebra 這個用詞是來自阿拉伯數學家花刺子密（al-Khwārizmī, 約 780 ～ 850。與丟番圖同樣被視為代數的創造者）的著作《代數學（al-Kitāb al-muḥtaṣar fī ḥisāb al-ǧabr wa-l-muqābala）》中「方程式和科學」的同義詞「al-jabr」所衍生而來。

而另一個常用的數學語彙「演算法（Algorithm）」同樣也是源自

花剌子密的書。該書的原著雖已失傳，但從 1857 年的拉丁文譯本中，我們仍可看到本書的開頭寫著：「Algoritimi 說……」。其實，這裡的 Algoritimi 原文便是花剌子密的名字 al-Khwārizmī，經過轉換後才變成 Algoritimi，最後才變成了 Algorithm。

至於與本意無關的數學用語，例如三角函數的「正弦（sine）」，就是一個典型的例子。

計算出圓周率近似值的 6 世紀印度數學家，阿利耶波多（A'ryabhata），首先發現了「半弦（ardha'-jya'）」的觀念（當時印度人所謂的半弦，其實就是現代所指稱的正弦），並在算式中簡化為「jya」。而後，就如同阿拉伯數字一樣，阿拉伯人又把印度的知識帶回了它們的國度，將「jya」翻譯成他們的語言「jiba」，意思就是「獵人的弓弦」；同時又因為阿拉伯人有省略母音的特性，於是常常使用簡寫「jb」。而在一次謄寫中，由於「jiba」已經太少人用了，因此不

小心誤寫成了「jaib」，這在阿拉伯文中是「峽谷」的意思。最後，隨著十字軍東征，這些知識也被帶進了西方世界，他們看到的是 jaib 這詞彙，於是就翻譯成拉丁文中代表峽谷的「sinus」，最後才轉變成現在我們使用的 sine。

另一個語彙「餘弦（cosine）」更是和原本的語源完全無關的數學用語。

早期，它是針對 sine 而被稱作「剩下的弦（chorda residui）」，從 1120 年左右開始使用；1579 年，它被改寫成意思相同的「sinus residuae」；但到了 1609 年，它被改寫成「sinus secundus」，意思變成了「第二弦」。最後，1620 年左右，英國的埃德蒙・甘特（Edmund Gunter）開始改用 co. sinus 來表示；之後的牛頓（Newton）也在 1658

年用 cosinus 來表示。而從摩爾（Moore）在 1674 年開始使用 cos 後，
就一直被沿用到今日了。

8 數學是什麼？

　　有一個變態的科學家，將自己的同事們：工程學家、物理學家和數學家綁架了。他把他們分別關在牢房裡，並留給他們各式各樣的罐頭，但卻沒有給開罐器。就這樣過了一年後，他才再度前往牢房觀察情況。

　　首先，他來到關工程學家的房間，卻發現工程學家早已不在。原來工程學家利用了身邊各種物品打開了罐頭，又利用罐頭和食物製成了炸彈，於是成功的逃脫了。

　　接著，他前往觀察物理學家的狀況。到達的時候，正好看到物理學家把罐頭砸向牆壁來打開罐頭，而且很明顯，他每天都是這麼飽餐一頓地。於是，變態科學家再仔細一點地觀察了物理學家的動作，發現他把罐頭扔到牆上的動作，是經過計算後最容易打開罐頭的角度和速度。他居然在牢裡創造了新的力學。

　　最後，變態科學家來到了關數學家的房間，卻發現數學家連一個罐頭也沒打開，餓死了。不過地板上、牆壁上卻留下

了各式各樣的理論和算式：要怎麼樣排列罐頭才是最美觀而方便的組合、罐頭的體積計算、如何求罐頭的表面積……等。

而他還把下列的論證刻在他死去的地上：

定理：如果無法打開罐頭，我就會死掉。

證明：如果我可以打開任一罐頭……

數學是餓肚子的學問

遠離黑暗

　　你或許會感到好奇，到目前為止，數學的知識的範疇還在不斷地擴大嗎？每天還有新的數學理論會出現嗎？

　　波蘭猶太數學家斯塔尼斯拉夫・馬爾欽・烏拉姆（Stanis aw Marcin Ulam, 1909～1984）曾在某次會議上說，每年大約有100,000個新定理被發現；而與會的另外兩個年輕數學家則通過精密的統計，推算出每年應該有 200,000 個新定理產生。而到了近日，每年發現的新定理至少有 300,000，其數量非常的龐大。

　　然而，數學也並不是一直都有這麼長足而顯著的發展，例如中世

112

紀的歐洲，數學的發展就曾進入了一段停滯期。

從羅馬帝國開始沒落的五世紀中葉到十一世紀的這段時期，歷史上一般稱其為歐洲的「黑暗時代」。在這段期間，西歐文明非但沒有進展，反而呈現了衰退的狀態。學校教育逐漸消失，從古代傳承下來的藝術和技術也逐一喪失，只有天主教修道院裡的修士和少數的學者，能繼續維繫著一部分的希臘與拉丁文明。同時因為強烈的宗教信仰，社會秩序轉變為一種封建式的、以教會為中心的體制，不利於知識的發展。

熱爾拜爾（Gerbert, 約 950 ～ 1003）——就是將我們現在使用的印度－阿拉伯數字傳到歐洲去的人——在 999 年成為羅馬教皇，改稱西爾維斯特二世（Silvester II）。從他開始，那些已經遺失的古希臘科學和數學知識，才又再度從回教文明中慢慢傳回了西歐大陸。

進入 12 世紀後，黑暗時代漸漸遠去，而在數學史上這正是翻譯家的世紀。這個時候被翻譯的古希臘著作有歐幾里德的《幾何原本》、托勒密（Ptolemy）的《天文學大成（Almagest）》、花剌子密的《代數學》等。

到了 13 世紀中葉，這時候出現了一位偉大的數學家，李奧那多·斐波那契（Leonardo Fibonacci, 約 1170 ～ 1250）。他出生在當時的商業中心比薩（Pisa）。斐波那契年幼時，身為商人的父親在北非的海岸城市貝賈亞（Bougie）的海關局任職。而由於父親的關係斐波那契對算數感到了興趣，同時由於跟著父親到處旅行，他去過阿拉伯的港口，也去過埃及、西西里亞、希臘、敘利亞等地，讓他有機會接觸到東方和阿拉伯的數學，奠定了日後的數學基礎。

斐波那契的《算盤書（Liber Abaci）》，其初版作品現在已經找不到了，但透過 1228 年的二版作品，我們仍能一窺全書風貌。全書共 15 章，內容包含了：印度－阿拉伯數字的讀寫標示法、整數和分數的計算方法、平方根和立方根的計算方法、以代數方法解一次方程式和二次方程式等。另外，值得一提的是，雖然他已經意識到負數的存在，但他仍是認為負數和虛數是不合理的存在，而這樣的觀念也是一直到了 17 世紀才出現了改變。

該書中還探討了許多以物易物、重量計算、利息、匯率、混合法、測量幾何等問題，不過其最大的成就，還是在於將印度－阿拉伯的數字的體系傳遍了歐洲各地。

而《算盤書》中最有趣的，就是提出了一個有趣的數列問題，那就是「斐波那契數列（Fibonacci Sequence）」（又稱費波那西數列、費氏數列、或黃金分割數列），是全書中最重要的成果。這個數列，是從兔子的繁殖問題展開的。

　　假設一對兔子每個月能生出一對小兔子;而新誕生的小兔子,要經過兩個月之後才能生育。試問從一「對」新生的小兔子開始,在兔子完全不死的狀況下,一年後總共可以誕生出多少「對」兔子?

　　從上述問題的答案中,我們可以得到「斐波那契數列」:1, 1, 2, 3, 5, 8, 13,……。

　　這個數列可以用來繪成其邊為斐波那契數的一個個正方形,而由這些正方形所組成的長方形其邊長會趨近於黃金分割。而除此之外,斐波那契數列也被應用在圖、分割、葉序等問題上,以各種形態出現在數學的各個領域中。

　　1963 年,以何格特(Verner Hoggatt Jr.)博士為首,創設了「國際斐波那契學會(The Internaional Fibonacci Association)」,出版以研究斐波那契數列數列為主的定期刊物《斐波那契季刊(The Fibonacci Quarterly)》。直到今日,這個學會與季刊仍在數學領域中

活躍著。

除了提出了斐波那契數列外，《算盤書》中也談論到許多中世紀流行的數學問題。

第一個問題：

往羅馬的路上有 7 個老女人；每個女人有 7 隻驢子；每隻驢子馱著 7 個麻袋；每個麻袋中放著 7 個麵包；每塊麵包搭配 7 支刀子；每支刀子配有 7 個刀鞘。請問，總共有多少女人、驢子、麻袋、麵包、刀子、刀鞘在通往羅馬的路上？

答案如下：

女人　　7
驢子　　49
麻袋　　343
麵包　　2401
刀子　　16807
刀鞘　　117649
總和　　137256

第二個問題：

有一個人開始分遺產。他先給老大一個金幣，並讓他繼承剩餘財產的 $\frac{1}{7}$；接著，他從剩餘財產中拿出二個金幣給老二，並讓他繼承剩餘產財產的 $\frac{1}{7}$；然後，他又從剩餘財產中拿出三個金幣給老三，並讓他繼承剩餘產財產的 $\frac{1}{7}$。就這麼以相同的方式進行，每個兒子可以拿

到等同於他們排行順序的金幣，並且繼承剩餘財產的 $\frac{1}{7}$。最後，他把所有剩下的錢交給了小兒子，而且每個兒子都拿到了相等的財產。請問，他總共有幾個兒子？財產又有多少？

答案如下：

以 x 表示全部的財產，y 表示各個兒子可以先拿到的金幣（又等於他們的排序）。

那麼第一個兒子可得到 $1 + \dfrac{x-1}{7}$；

第二個兒子可得到：$2 + \dfrac{x - \left(1 + \dfrac{x-1}{7}\right) - 2}{7}$

由於每個兒子拿到的財產相當，因此兩算式相等。因而可得

x = 36，y = 6。

所以總共有 6 個兒子；財產共 36 個金幣。

釋王寺的傳說

釋王寺位於今韓國咸鏡南道安邊郡的寺廟，朝鮮太祖李成桂當上國王後，由王朝國師無學大師所建造，保留至今。

關於李成桂，韓國民間流傳著許多關於他當上國王之前的故事，其中就有這麼一段測字占卜的趣事。

有一天，李成桂走在路上遇見了一個號稱測字非常準的占卜師父。算命先生將一塊寫滿漢字的木板拿給李成桂看，請他從中選出一個字。於是李成桂選了一個「問」字。算命先生一看，突然就站了起來，並向李成桂行了個大禮說：「先生將來必是一國之君。」

來唷～來唷～

　　李成桂一聽也樂了，忙問算命先生理由，只聽他說道：「問這個字，從左邊看是君王的『君』，從右邊看也是個『君』，所以您未來必將成為君王。」

　　李成桂聽後半信半疑，為了考考這個算命先生，於是他又刻意給一個乞丐穿上華服，再帶他去找算命先生測字。

　　於是，乞丐當然也故意選了「問」字來測。卻聽算命先生說道：「你是乞丐吧！」

　　一問理由，算命先生說：「問字的形狀是口貼在門上，這是個在門前乞討的命，所以你一定是個乞丐。」

　　這個故事是不是很有趣呢？另外還有個故事，是關於他的夢。

　　有一天李成桂做了一個夢。夢中他背著三根木頭，賞玩著美麗的花朵；但這些花瓣卻都凋落了，同時，他還看到一面巨大的鏡子突然破掉！於是他從夢中驚醒，並前往拜託無學大師幫他解夢。

　　無學大師這麼解釋道：「背著三根木頭，這是個漢字的「王」；

花瓣凋落，那代表馬上就要結果了；鏡子破裂了，那麼必定會發出巨響，這代表您將聲明遠播。所以，將軍您一定會當上君王。如果說中了，那麼您當上君王後，請記得在這裡蓋一座寺廟。」

於是，「釋王寺」就這麼建成了。

而無學大師在知道了李成桂的帝王命後，為了測試李成桂，一日便拿著一綑絲線去問李成桂道：「將一根絲線對折就會變成兩條，再對折就會變成四條，這樣繼續對折三十次後，最後這綑絲線會有多粗？」

李成桂指著寺廟的柱子回答：「大概像那根柱子一樣粗。」

那麼，實際上大概是多粗呢？

100 根絲線合起來，大約和一根火柴一樣粗，約 $1mm^2$。

　　絲線對折一次變成 2 條，對折二次是 4 條，對折三次變成 8 條，……，以此類推，則對折三十次後應為 2^{30} 條。2^{30} 等於 1,073,741,824 條絲線疊在一起。因此，如果 100 條絲線其橫切面約為 1mm^2，則對折三十次其總橫切面積約為 10,737,418.24 mm^2，也就是約 10.7m^2，即大約半徑是 1.85m 的圓面積，或可說是直經 3.7m 的圓柱粗度。

　　而當時李成桂所指的柱子，其橫切面面積大約是絲線折疊 25 至 26 次的結果。由此可知，他的心算能力有多麼驚人了。

9 數學是什麼？

　　假設地球是半徑Rm的球體，那麼從圓的公式中，我們可以很簡單地求出地球的圓周長為$2\pi R$m。也就是如果我們拿一條繩子把地球綑起來，繩子長度為$2\pi R$m。

　　然而，如果我們將這條繩子加長1m，那麼繩子的全長就成為（$2\pi R+1$）m。由於繩子變長了，所以如果再次把這條繩子圍成圓，則將無法緊貼著地球，而會形成一個縫隙。請問，貓可以通過這個縫隙嗎？

　　雖然實際上不會發生這種事情，不過就讓我們透過數學來看看可能的情況吧。

　　如下圖，假設繩子和地球間的縫隙是x，於是繩子所圍成

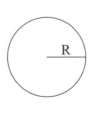

$2\pi R$

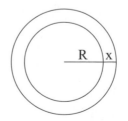

$2\pi R+1=2\pi（R+x）$

肥貓過不去！

的圓其半徑就是R＋x。因此，可得以下算式：

$$2\pi R+1=2\pi（R+x）=2\pi R+2\pi x$$

$$\therefore x=\frac{1}{2\pi}$$

由於 π ＝3.14，因此x大約是0.16m，即16cm。這樣的寬度，除了肥貓之外，一般的貓當然過得去啦。

數學是奧妙而有趣的

惡魔的數字 666

1544 年出版的《整數算術（Arithmetica integra）》，其作者是 16 世紀德國最偉大的數學家施蒂費爾（Michael Stifel, 1487 ～ 1567），他是數學史上最奇妙的人物。

他的著作《整數算術》主要分成三個部分，分別討論有理數、無理數、和代數的相關內容。

第一部分，他提出了等差數列與等比數列結合應用的方式，促使一個世紀後蘇格蘭數學家約翰‧納皮爾（John Napier）發明了「對數」（log）。另外，他也分析了所有 17 次方以下的二項高次方程式中解法，並對其中的係數有了進一步的研究。

第二部分，主要演繹了歐幾里德《幾何原本》第 10 卷的內容。

第三部分，主要為論述方程式。值得一提的是，在這部份中雖然他刻意略去了負數，但卻開始使用＋、－、√等符號，於後逐漸為眾人所使用，令代數學再進一步的演化為符號代數。

本來是修道士的施蒂費爾，隨著馬丁‧路德（Martin Luther）改信新教之後，卻突然變成了狂熱的新教徒，並且深陷在極端的神祕主義中。他分析過聖經後，預言——「1533 年 10 月 3 日將是世界末日！」

由於他的預言，很多人辭掉工作、放棄財產，只希望能和他一起上天堂，就像現在一些愚蠢的宗教團體一樣。不過到最後，他也為了這件事情而被關入大牢。

施蒂費爾的瘋狂行徑還不僅如此，他更利用了數學方法，試圖證明當時的教宗利奧十世（Leo X）正是《啟示錄》中提到的惡魔。他將教宗的名字轉化為拉丁文 LEO DECIMVS 後，保留了那些可視為羅馬數字的 L、D、C、I、M、V，然後加上 X，再減掉 M（加上 X 是取其十世之意；M 則代表了神祕，故將之去除）。最後，他將這些文字排列成 DCLXVI，其含意就正是《啟示錄》中出現的惡魔數字「666」。

於下附上羅馬數字的示意表：

I	V	X	L	C	D	M
1	5	10	50	100	500	1,000

而如前所述，對數的發明人納皮爾深受施蒂費爾影響，也捲入了

這場宗教戰爭中。為了攻擊舊教、批判羅馬教廷，他於 1593 年出版了一本非常著名的書，《啟示錄初探》。在書中，他努力證明 666 與羅馬教宗的關係，指稱其為撒旦的使徒，並宣揚上帝將在 1688 年到 1700 年間將世界毀滅。這本書在當時非常受到歡迎，發行了 21 版次，不過到了現在也已被世人遺忘了。

而當然，天主教的人們也不會乖乖的挨打，與納皮爾同時代的耶穌會神學家 Bongus 也試圖運用數學方法來證明馬丁·路德才是惡魔數字 666 的代言人，推論如下：

從 A 到 I，即代表數字 1 到 9；從 K 到 S 則是 10 到 90 的十進制數字；從 T 到 Z 是從 100 到 500 的百進制數字。將馬丁路德的名字透過語系轉換而成的字母轉變成數字，合起來的總和就是 666，標示如下：

M	A	R	T	I	N	L	U	T	E	R	A
30	1	80	100	9	40	20	200	100	5	80	1

　　相同的算術方法，在後來也一再的出現。有人說 666 正是代表了引發第一次世界大戰的德國皇帝威廉二世（Wilhelm）；也有人說其實 666 是代表第二次世界大戰的希特勒；甚至後人也穿鑿附會的說，依照《啟示錄》中原本使用的阿拉伯語的部份看來，666 其實正是古羅馬的暴君尼祿（Nero）的名字。總之，每個人都可以藉由不同的解釋，將名字轉譯成 666，可見這個數字本身可能真的有某種可怕的魔力吧。

口吃的數學家

　　二次方程式的解法，在古希臘時代就已經出現了；但是三次方程式的代數解法，卻是到了 16 世紀才出現。至於三次方程式的幾何解法，卻早在 11 世紀已經由波斯詩人兼數學家──奧瑪・珈音（參第七章）所提出。

　　三次方程式的代數解法，是由 16 世紀的義大利數學家吉羅拉莫・卡爾達諾（Girolamo Cardano, 1501 ～ 1576）和尼科洛・塔爾塔利亞（Niccolò Tartaglia, 1500 ～ 1557）所完成的。

　　塔爾塔利亞的本名是梵達納（Fontana）。幼時由於居住的村莊被法軍襲擊，頭部遭到重創而留下口吃的後遺症。於是有人故意給他取了塔爾塔利亞這個綽號，意思就是「口吃」，而他自己也把這個名字拿來作為筆名，因此後來才被稱為尼科洛・塔爾塔利亞。

　　卡爾達諾是數學史上一個極為特別的天才，從他早期在米蘭（Milan）教數學，後來卻成為了英國國王愛德華六世的御醫這點，就可以知道他有多聰明了。

　　卡爾達諾在 1501 年出於帕維亞（Pavia），是一個律師的私生子。他具有強烈的雙重性格，而且非常誇張。例如，有一次他和自己的兒

子在一起，因為忍受不了兒子造成的噪音，一怒之下，居然就把兒子的耳朵給割掉了！從中我們就可以看出他的性格有多乖張。

但不論如何，卡爾達諾是當時相當出色的人物之一，在許多領域中都留下了著作。其中最重要的著作就是《大術（Ars Magna）》一書，此書是最早談論到三次方程式解法的拉丁論文。只是話說回頭，這些內容事實上卻是塔爾塔利亞的研究，這個性格扭曲的天才就這麼把它據為己有了。

另外，身為賭徒的他也寫過一本賭博指南，就機率問題提出了幾個有趣的觀點。

還有，他同時也是個占星學家，曾在羅馬教廷中擔任占星之職。不過後來卻又因測算耶穌的星盤，而被控褻瀆之罪關入牢中。

最傳奇的，是他出獄後為自己占卜出了死亡的日子。只是到了那天，死亡卻沒有到來；他為了讓預言成真，最後居然選擇服毒自殺，結束了他特別的一生。

　　塔爾塔利亞是 1500 年出生於布雷西亞（Brescia）的窮苦人家。其父是個郵差，在他 6 歲的時候就過世了。1512 年，法軍入侵布雷西亞，他的頭部受到重創，造成了他日後的口吃。而由於家境貧苦，於是他只能靠自修來學習。沒有課本，他就偷書來讀；沒錢買紙，他就把墓碑當作黑板來用，在公墓中學習。

　　塔爾塔利亞是卓越的數學家，可以說是第一個宣稱發現三次方程式解法的人；另外，他也把數學應用到了砲術學上，因此也是一個傑出的工程學家。他寫的兩本書，被視為 16 世紀義大利最偉大的數學典籍，其內容是在探討數學的演算以及商務的運用；同時他也出版了歐幾里德和阿基米德之著作的修訂版。

　　說到三次方程式的解法，最早在 1949 年，義大利數學家盧卡·帕西奧利（Luca Pacioli, 1445 ～ 1517）曾在他的著作中列舉了所有失敗的例證，試圖證明三次方程無解。不過到了 1515 年，曾與帕西奧

利在波隆那大學共事，並一同討論過三次方程式的希皮奧內·德爾·費羅（Scipione del Ferro, 1465 ～ 1526），卻發現了其解法。他找到了缺少二次項的正係數三次方程「$x^3 + px = q$」的代數解法。不過他卻沒把這件事情公開，只告訴了弟子兼女婿的菲奧（Fior）就過世了。

　　然而，當時在威尼斯大學任教的塔爾塔利亞，卻也獨立發現了解法，在 1535 年宣稱自己也找到了缺少一次項的正係數三次方程「$x^3 + px^2 = q$」的代數解法，求得了正實根。這個消息一傳開，立刻引來菲奧向他公開挑戰。

　　而塔爾塔利亞當然也接受了挑戰，更幸運的是，在挑戰的幾天前，他又發現了「$x^3 + px = q$」的代數解法。結果，在相互用 30 個數學問題考驗對方的競賽中，塔爾塔利亞大獲全勝，更讓所有的人都注意到了他，可是，他卻仍堅持不公開解法。

　　這點讓當時很多想求知三次方程式解法的人眼紅，其中之一就是卡爾達諾。卡爾達諾知道塔爾塔利亞雖然在數學上的成就非凡，但因為口吃的關係，一直無法得到他人資金的贊助。於是卡爾達諾就向塔爾塔利亞討教三次方程的解法，並以介紹贊助者作為交換條件，同時也答應會保守這個解法的祕密。於是，塔爾塔利亞就以謎語的方式，把解法藏在詩文裡交給了卡爾達諾。

　　不料 1545 年，卡爾達諾的《大術（Ars Magna）》出版後，就直接把解法公布了！

　　憤怒的塔爾塔利亞於是向卡爾達諾提出辯論的要求，並特地從威尼斯來到了卡爾達諾所在的米蘭。但卡爾達諾卻沒有出現，他故意派

出了自己最優秀的弟子洛多維科‧費拉里（Lodovico Ferrari, 1522 ～ 1565）為代理人。

在第一天的辯論中，費拉里宣稱三次方程式解法的發現者應該是費羅，而不是塔爾塔利亞，卡爾達諾不過是引用了費羅的研究，與塔爾塔利亞無關；塔爾塔利亞則憤憤的指陳卡爾達諾的背信，批評他從自己口中騙走了三次方程的解法，並且還違背約定將其公布，最後甚至連辯論會都沒有出席！但可憐的塔爾塔利亞，他的口吃讓在場的所有人都不知道他到底說了什麼。

於是第二天，塔爾塔利亞就以辯論不公為由離開了米蘭，而他的缺席也造成了卡爾達諾的勝出。而這次的競賽，更影響到了他日後的教職生涯，讓他在各個城市間輾轉任教，最後帶著對卡爾達諾的恨意死在威尼斯。

也就是這個緣故，因此，現在當我們提到三次方程式的代數解法

時，我們都會同時提到塔爾塔利亞和卡爾達諾兩人，這兩個像敵人一樣卻又關係密切的兩位重要的數學家。

　　三次方程式解法出現後，卡爾達諾的弟子費拉里在其基礎上也找到了四次方程式的解法。於是數學家們開始將注意力轉向五次方程式。

　　1750 年，萊昂哈德・歐拉（Leonhard Euler, 1707 ～ 1783）想要將一般的五次方程式轉換成相關的四次方程式求解，但失敗了；義大利物理學家魯菲尼（Ruffini）在 1803 年、1805 年、1813 年，發表了「一般的五次方程，不存在統一的根式解」的見解，但仍缺乏證明。一直到於 1824 年，由挪威數學家尼爾斯・亨利克・阿貝爾（Niels Henrik Abel, 1802 ～ 1829）證明了「五次方程的根式解」的不可能性。

10 數學是什麼？

數學家們是如何來計算牛有幾條腿呢？

【定理】一隻牛共有12條腿。

【證明】

牛的前腿有2條，後腿有2條；

牛的左右兩側，各有2條腿；

牛的四個角落，各有1條腿；

因此，一隻牛共有12條腿。

數學也可以很愚蠢

過多與不足

我們來聊聊代數算式中經常使用的數學符號的起源吧。

15 世紀末到 16 世紀初，義大利部分學者開始在研究中使用一些符號。首先，被人稱為「會計學之父」的盧卡‧帕西奧利（Luca Pacioli, 1445 ～ 1517）於 1494 年初版了《算術、幾何、比例總論（Summa de Arithmetica Geometrica, Proportion et Proportionalita）》（又譯作《算術大全》）。他把一般表達「增加」的文字「pin」標寫成「p」；把「減少」的「meno」標寫成「m」；用一般用來表示未知數 x 的文字「cosa」（意思是「物品」）標寫為「co」；代表 x^2 的「censo」標寫為「ce」；代表 x^3 的「cuba」標寫為「cu」；代表 x^4 的「censocenso」標寫為「cece」；而等號「aequalis」則標示為「ae」。符號逐漸取代了文字。

之後，英國的羅伯特‧雷克德（Robert Recorde, 1512 ～ 1558）在他撰寫的代數課本《勵智石（The Whetstone of Witte）》中，使用了現在常見的等號符號「＝」，他這麼解釋：「就像這平行的兩條線一樣，他們的長度相等，代表著兩邊的數值也相等。」

而我們很熟悉的方根符號「√」，則是 1525 年，由德國的魯道

夫（Rudolff）在他撰寫的《Die Coss》中首次使用。一般認為，這個符號是從「r」變化來的，因為德語中的「根」就是「radix」，r 正是他的第一個字母。

　　至於現在的加號「＋」和減號「－」，最早是出現在擁有「計算之王」外號的德國數學家魏德曼（Johann Widmann）於 1489 年萊比錫出版的數學典籍中。不過這些符號在書中，卻不是以現在常用的運算符號的方式出現，而是單純地表達「過多」與「不足」。「＋」是源自於「and」的拉丁語「et」，寫很快得時候就變成了＋的模樣；「－」則是由「m̄」簡化而來。至於「＋」和「－」開始被作為運算符號使用，則是到了 1514 年，才由荷蘭數學家赫克（Hoecke）所採用，但並非常態性地使用。

　　除號「÷」，是 1659 年由瑞士的洛亨（Johann Heinrich Rahn, 1510 ～ 1588）在蘇黎世出版的著作《代數（Teutsche Algebra）》中

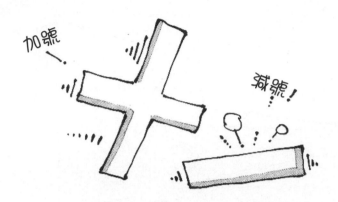

首次使用，這是由比率的符號「：」所演變而來。（不過在此之前，「÷」就曾被作為運算符號，只是當時是把它作為「減號」來使用）

不等號「＜」、「＞」，最早是出現在英國數學家托馬斯・哈里奧特（Thomas Harriot, 1560～1621）去世 10 年後才出版的《使用分析學（Artis analyticae praxis）》中；而「≤」、「≥」則是一個世紀後，於 1700 年由布格（Bouguer）率先使用。

乘號「×」的第一次現身，是英國的威廉・奧特雷德（William Oughtred, 1574～1660）在他的《數學之鑰（Clavis Mathematicae, 1631）》中首次使用。他相當地重視數學符號，故引用了 150 多種數學符號，不過其中只有 3 種還保留到了現在。分別是乘號的「×」、代表比率的「::」、以及代表邏輯非的「~」（即將運算結果的真值反取，例如~「現在是十點」，則表示「現在不是十點」）。有趣的是，他使用「└─」、「─┘」來代表不等號，和當時同期的哈里奧特「＜」、「＞」比起來，他所使用的這兩個符號在當時其實是被較

多人所採用的，但到了今天，卻已然看不到了。

　　微分符號「dx」、「dy」和積分符號「∫」，是由哥特佛萊德·威廉·萊布尼茲（Gottfried Wilhelm Leibniz, 1646 ～ 1716）首次使用；其中積分符號「∫」是把代表總和的「Sum」的第一個字母「S」變形得來的。至於其他的微分符號如 *f'*、*f"*、……，y'、y"、…… 等，最初是由約瑟夫·路易斯·拉格朗日（Joseph Louis Lagrange, 1736 ～ 1813）所使用。

　　無限大的符號「∞」，最初是由約翰·沃利斯（John Wallis, 1616 ～ 1703）所引用。他也是最早完美地說明了零、因數、分數、指數重要性的數學家。

　　至於算式中常看到的代數，原本是由法國數學家韋達（Viète, 1540 ～ 1603）以字母中的子音 B、G、D、……等來表達已知數，母音 A、E、I、……等表達未知數，藉此將之區分開來。然而，現代常看到的代數符號，卻是從笛卡兒（Rene Descartes, 1596 ～ 1650）才開

始使用的，他將字母表最前面的 a、b、c、……等用來代表已知數，把字母表最後面的 x、y、z、……等用來代表未知數。另外，他也帶來了「直角座標系」（又稱為「笛卡兒坐標系」）和像是 x、x^2、x^3 等指數的表示方式。

　　萊昂哈德·歐拉（Leonhard Euler, 1707 ～ 1783）也引進了能表達函數輸入值的「$f(x)$」、代表自然對數的底為「e」、在級數中表示總和的「Σ」、代表虛數的 i（$i = \sqrt{-1}$），並將這些符號推廣開來。另外，克里斯蒂安·克蘭普（Christian Kramp, 1760 ～ 1826）則在 1808 年，首次於著作中使用了階乘符號「n!」，他認為原本代表階乘符號的 n」在印刷上並不方便，因而改用了 n! 的符號，並從此沿用至今。

　　圓周率「π」的符號，最早是由英國數學家威廉·奧特雷德（William Oughtred）、伊薩克·巴羅（Isaac Barrow, 1630 ～ 1677）、格雷戈里（David Gregory, 1659 ～ 1708）等人所引入；而正式將其用作圓周長和直徑比的，是英國的作家威廉·瓊斯（William Jones,

1675 ～ 1749）於 1706 年開始使用，不過當時並未受到大眾所援用；一直到歐拉於 1737 年亦採用了這個符號後，才開始普及開來。

至於現代所使用的小數表現方式，是西蒙‧斯蒂文（Simon Stevin, 1548 ～ 1620）所引入。他在《論十進》中簡明扼要的論述了十進制和十進小數的優越性，對於日後的普及有很大的影響。當時的十進小數表現方式如下：

$$3.1415 = 3\overset{0}{1}\overset{1}{4}\overset{2}{1}\overset{3}{5}$$

這些數學符號，大都是到 17 世紀初才逐漸為數學家們所開始使用，不過即便到了牛頓和萊布尼茲（Leibniz, 1646 ～ 1716）的時代，這些數學符號也尚未普遍與統一。即便到了今日，雖然大部分的符號都是國際通用的，但在歐洲，卻仍是有人使用「：」作為除號而不是「÷」。

隨著區域的差別，符號的差異仍是存在著的，甚至也一直有不少新的符號出現又或消失。由此可知，數學仍是不斷地在發展著。

喝醉的鴿子

天文、航海、戰爭、工程、貿易 ...... 等，在各個領域中，數學的運算都占了一個重要的角色，因此人們不斷地追情如何可以迅速而正確地執行計算。因應這樣的需求，於是印度－阿拉伯數字、小數、對數、電腦等紛紛地出現。在此，就讓我們來談談 17 世紀初出現的「對數」（現今的對數是指：$X = \beta^Y$ 時，X 之對數為 Y）。

1614 年，住在愛丁堡的蘇格蘭貴族約翰‧納皮爾（John Napier, 1550～1617），將他那令人嘆服的研究印刷出版了，那就是「對數（logarithm）」的發明。書的名稱就叫做《驚動人的對數規則與記述（Mirifici logarithmorum Canonis descriptio）》。

對數（logarithm）即指「比數（ratio number）」。納皮爾原本使用的名稱是「人為數（artificial number）」，之後才改用「logarithm」。透過對數，原本數字龐大而繁雜的乘法和除法，可以被簡化成單純的加法和減法。所以後來的天文學家拉普拉斯（Pierre-Simon Laplace, 1749～1827）這麼說道：「因為對數的發明，使得運算的工作量大為減少，天文學家的壽命等於延長了兩倍。」

現今的對數是指：$X = \beta^Y$ 時，β 為底數，X 之對數為 Y，即：

$$Y = \log_\beta X$$

　　由此可知，現代常用的對數法則是從指數法則而來的。

　　不過，在《驚動人的對數規則與記述》書中所介紹的 Napier 對數，事實上卻和現代的常用對數定義有所不同，他是運用三角函數的 sine 來做轉換。也就是說，在指數出現前，納皮爾就已經發現了對數的存在，這種狀況確實非常的特別。

　　Napier 對數的公式：$2\sin A \sin B = \cos(A - B) - \cos(A + B)$

　　這個公式是不是很熟悉呢？其實他就是透過三角函數的運算，來求得對數的近似值。不過也正因為如此，Napier 對數其實有所受限，他無法跳脫三角函數的運算範疇。

　　對數一發表，馬上就獲得了眾多學者的關注。隔年，倫敦格雷沙姆學院（Gresham College）幾何學教授布里格斯（Henry Briggs, 1561～1631）為了向對數發明者表示敬意特意造訪了愛丁堡。據說，布里格斯原本還以為：「對數是多麼艱深的命題呀，能夠發現它的納皮爾，一定有一顆超級大頭！」

在這次的拜訪中，布里格斯和納皮爾一同對對數進行了討論與改良，他們將 1 的對數設定為 0；並發現底數為 10 的對數最為方便計算。這便是「布里格斯對數（Briggsian logarithm）」也就是「常用對數（common logarithm）」（即是以 10 為底數的對數函數）的發軔之始。

訪問納皮爾之後回到倫敦的布里格斯，熱衷於製作常用對數表，並在 1624 年發表了《對數算數》。包含了真數從 1 到 20,000 以及 90,000 到 100,000 其小數點以下 14 位數的常用對數表。至於其中缺漏的 20,000 到 90,000 的對數表，後由荷蘭的出版商弗拉寇（Adriaen Vlacq, 1600 ～ 1666）協助完成。

1971 年尼加拉瓜政府印行了一套郵票，紀念「世界上最重要的十個數學公式」。其中之一就是納皮爾對數法則（Napier, logarithms）。這套特別的郵票，意義非凡，因為它並不是紀念那些國王、將軍的功績，卻是記錄了帶給人類深遠影響的數學公式。這十大公式還包括了：手指計算（Using fingers to count）（例如：1 ＋ 1 ＝ 2）、畢達哥拉

斯定理（Pyhthagorean theorem）、阿基米德槓桿原理（Archimedes's principle）、牛頓萬有引力定律（Newton's law）、馬克斯威爾電磁方程式（Maxwell's law）、波茲曼熵公式（Boltzmann's law）、希歐考夫斯基火箭公式（Tsiolkovski's law）、愛因斯坦質能互換理論（Einstein's theory）、德布羅意物質波方程式（De Broglie's law）。

　　納皮爾是在父親 16 歲的時候，於 1550 年出生在愛丁堡附近的墨奇斯頓（Merchiston），1617 年去世。他大部分的時間都在墨奇斯頓渡過，為了避開政治與宗教的鬥爭，他開始研究起數學和科學，於是在發現了四項重要的數學成就：（1）對數；（2）奈培球規則，用於解決球面直角三角形的球面三角公式「圓的部分的法則（The rule of circular parts）」；（3）「納皮爾的類別式（Napier's Analogies）」，從中導出的四個公式當中，至少有兩個可用於解決非直角的球面三角形問題；（4）「納皮爾骨頭（Napier's rods）」，一種用來方便乘法與除法計算的，類似算盤的工具。透過此，可以把乘

法運算轉為加法，把除法運算轉為減法，甚至可用來開平方根。為計算尺（slide rule）的前身。

納皮爾還是個軍事與科幻小說家。他繪出了許多設計圖和圖形，想像出許多超越當時想像的「秘密武器」：「完全殲滅半徑4英哩內，所有1英吋大小生物的武器」、「能夠潛入水中行駛的船」，「一個神祕的巨口，能火滅其前方的所有敵人」。而彷若預言一般，這些武器在第一次世界大戰的時候，就以機關槍、潛水艇、戰車之姿出現在了眾人面前。

納皮爾卓越的想像力和創造力，常讓人們覺得他不是一般人類，甚至還有人認為他是個巫師。也因此有著不少關於他的趣事。

第一個故事：

納皮爾的僕人中，似乎有個慣竊，為了找出這個小偷，他抱著公雞然後這麼對僕人們說：「我從朋友那兒借來了這隻公雞，牠是抓說

謊者的專家。他會在黑暗中辦事，如果說謊的人摸了牠的背，公雞就會啄瞎那個人的眼睛。」

於是，他要僕人一個一個進入暗房中輪流觸摸公雞的背。而納皮爾則偷偷地將公雞的背部染上黑色。因為偷東西的人怕被啄瞎，一定不敢觸摸公雞，也就是說手沒有被染成黑色的人就一定是犯人了。

第二個故事：

一天，納皮爾看到隔壁家的鴿子正在啄食自家的穀物。於是他感到非常生氣地跑去找鄰居理論，要求他把鴿子關好，否則下次，他就要把牠們宰來吃了。

然而，鄰居卻一副無所謂的態度，反而還說：「鴿子啊，如果你抓的到就抓呀！」

結果隔天，鄰居就看到納皮爾正在享用鴿子大餐，著實吃了一驚。原來納皮爾將浸泡在酒中的豆子灑在地上，貪吃的鴿子就這麼被他灌醉了。

11 數學是什麼？

　　往往一提到數學，就有很多人覺得太過複雜而感到厭煩。但這是多麼錯誤的想法呀，數學其實非常的生活化與簡單，就像下面這個例子一樣。

　　要把一塊正立方體的豆腐切成27塊大小一樣的正立方體，最少需用到幾刀？

　　如果你仔細想一想，很容易就可以知道答案是6刀。那麼，「為什麼最少要6刀？」

為了製造出新的正立方體（正六面體），因而要使原本的6個面成為新的6個面，因此最少需要切6刀。

數學就是這麼簡單。

然而，我們從小時候開始，由於不是透過理解和思考來學習，而是以背誦為主的填鴨式教育，這才是讓我們覺得數學既困難又令人感到無聊的罪魁禍首。想要學好數學，理解力比背誦能力更加重要，而培養理解力最好的方法就是閱讀。別再讓孩子死背九九乘法表了，那只會讓孩子們更討厭數學，不會讓數學能力變好。

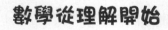

數學從理解開始

地球仍然在旋轉

「科學中，千人的權威也比不上一人的推論。」

　　這句話是現代力學的創始者伽利略·伽利萊（Galileo Galilei, 1564 ～ 1642）所說的。數學如果只是抽象的學問，它將脆弱不堪；但是如果和現實結合起來，它將會成為一股巨大的力量。數學與現實的碰撞與接合，緣於 17 世紀的兩位著名數學家兼科學家：伽利略和約翰內斯·克卜勒（Johannes Kepler, 1571 ～ 1630），因為他們，新型態的數學誕生了。於是數學從早期那如同圖畫書般的靜止狀態，躍動成為新的、活潑地如同動畫一般引人入勝地全新型態。

　　伽利略 1564 年初生於義大利的比薩（Pisa），早期學醫，之後轉而學習科學和數學。而他開始關注科學與數學的契因，就在於對「擺動」產生了興趣。

　　17 歲時，他進入比薩大學習醫，一日，當他在比薩大教堂做禮拜時，突然對吊在天花板上的青銅煤燈感到了興趣。他發現，為了幫煤燈點火，首先它會被拉到一旁；待火點著後，手一鬆，吊燈就會開始在空中擺盪，而擺動的幅度會逐漸變小。一開始，他利用自己的脈搏

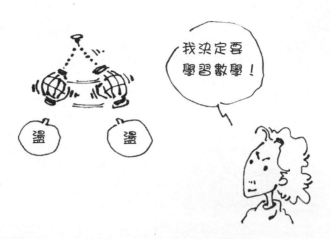

來計算擺動的次數，發現其具有特定的週期性；進一步進行實驗研究後，他驚訝的發現到單擺擺動的週期，和其重量以及擺盪幅度的大小沒有關係，而是與單擺的長度有關。於是藉由這個契機，伽利略開始關心起科學和數學。

伽利略在 25 歲的時候就當上了比薩大學的數學教授，不過他在天文學和物理學的成就上更為眾人所熟悉。例如，他在 26 歲時推翻了亞里斯多德關於「自由落體」的學說：「物體自高處自由落下的速度和重量成正比」。藉由在比薩斜塔利用不同重物的墜落實驗，證實了此論點的謬誤，並於後更進一步的導出了慣性原理。

1571 年，他辭掉了比薩大學的教職，隔年前往帕多瓦（Padua）大學任職數學教授。他在這個地方待了幾乎 18 年，其間做了各種實驗，成果不凡。

在帕多瓦任教期間，他製作了一台 30 倍率的望遠鏡，並從此發現了太陽黑子的存在，這打破了亞里斯多德所說「天體是完美無缺」

的觀念。另外，他還觀察到月亮裡的山、金星的衛星、土星的環、木星的四個衛星等，後面的三個發現，更是證明哥白尼（Nicolaus Copernicus, 1473 ～ 1543）《天體運行論》的關鍵性證據；於是他在 1632 年出版《關於托勒密和哥白尼宇宙論的對話（The Two Chief Systems）》，透過對話的形式來講解兩種宇宙觀的差異，試圖規避教廷於 1616 年頒佈的地動說禁令，卻也因此惹禍上身。

　　因為這些發現，伽利略被視為主張地動說而成為教會眼中的異端，他遭到了教會的壓迫，於 1633 年受到宗教審判，被迫撤回了他的論述。但他卻仍在審判庭中說道：「即便如此，地球仍然在旋轉。」

　　在這次的審判後他被軟禁在家，於 1638 年在失明的狀態下寫下了《新科學對話（The Two New Sciences）》一書，並於 1642 年抑鬱而終。不過巧的是，他過世的隔年恰好又是另一個科學奇才——艾薩克·牛頓（Isaac Newton, 1643 ～ 1727）的誕生，透過伽利略的研究基礎，也才催生了牛頓日後的非凡成就。

即便如此，地球仍然在旋轉

　　在哥白尼後 200 年，伽利略延續了地動說的主張，其作品亦被教廷列為禁書。但經過了多年，1741 年教宗本篤十四世授權出版他的所有科學著作；1980 年在羅馬教宗若望·保祿二世的號召下重審了伽利略一案，並於 1992 年正式對先前的處理方式表達遺憾，讓伽利略這位虔誠的天主教徒，因為科學與宗教的衝突所造成的一生痛苦，終於得到了解脫。

　　如前所述，伽利略一生，用義大利語撰寫了兩本鉅著，一是講述天文學的《關於托勒密和哥白尼宇宙論的對話》；另一本事講述物理學的《新科學對話》，是關於力學和物體強度的研究書籍。二書都是透過對話錄的形式來呈現，主角有三人，一是知識淵博的學者薩維亞提（Salviati）代表伽利略的主張、聰明好學的薩格雷多（Sagredo）代表他的學生、傳統的亞里斯多德主義者森比斯奧（Simplicio）代表教廷的立場。而值得一提的是，這些著作中有稍微提到無限大和無限小的初步概念，和 19 世紀康特爾（Georg Cantor, 1845 ～ 1918）所提出

的無窮集合有異曲同工之妙。

接著讓我們來看看在《新科學對話》中提到的一個有趣命題。

如下圖所示，將中心同為 O 的兩圓示為一同心圓，如果將此同心圓轉一圈，則與 O、A、B 位置相對應的就是 O'、C、D，而小圓和大圓都剛好旋轉了一圈。他們路過的軌跡就是他們的圓周長，$\overline{AC}$ 是小圓的圓周長，$\overline{BD}$ 是大圓的圓周長。

由圖中看來，$\overline{AC} = \overline{BD}$，所以大圓和小圓的圓周相等。難道圓周長度和半徑的長度無關嗎？到底是哪裡出了錯呢？

其實只要我們換成以下的正方形來看，就可以一目了然了。

正方形 ABCD 一邊長為 1；正四方形 ABCD 內的小正方形

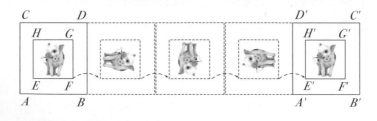

正方形轉一圈的距離＝4

EFGH，其一邊長是正方形 ABCD 一邊長的 $\frac{1}{2}$。

如果兩正方形同轉一圈。正方形 ABCD 轉一圈後的相對位置是正方形 A'B'C'D'，其轉動距離是 $\overline{AA'}$ ，也就是正方形 ABCD 的週長，$1\times 4 = 4$。

而正方形 EFGH 其週長為，$\frac{1}{2} \times 4 = 2$ ；但它轉了一圈後，從 E 到其相對位置 E' 之距離，$\overline{EE'} = 4 = \overline{AA'}$ 。你發現了嗎？$2 \neq 4$，這中間的落差是從哪邊產生的呢？

細看照片，你就會發現正方形 ABCD 的轉動軌跡，和 $\overline{AA'}$ 是完全吻合的；但正方形 EFGH 的轉動軌跡卻和 $\overline{EE'}$ 不完全相等，出現了如上圖所示的 4 個表示「空白」的箭頭。

以此類推，如果以相同的方法將正五邊形轉一圈，就會產生 5 個空白；將正六邊形轉一圈，就會出現 6 個空白；如果將正 n 邊形旋轉一圈，就會產生 n 個空白。

當正 n 邊形的邊數不斷增加到接近圓，那麼小圓轉一圈就會出現無數個「空白」。換句話說，大圓轉一圈和小圓轉一圈其轉動距離雖然看似相等，但事實上小圓的轉動距離尚包含了無數個空白存在。

這個數學命題由於曾被亞里斯多德闡述過，因此又稱為「亞里斯多德圓輪（Aristotle's wheel）」。

宇宙的和諧

　　約翰內斯・克卜勒（Johannes Kepler, 1571 ～ 1630）生於德國的斯圖加特（Stuttgart）。他原本想成為路德教會的牧師，後來因為受到天文學教授麥可・馬斯特林（Michael Maestlin）的影響而信奉哥白尼的學說，並產生了對天文學的興趣。於是才 20 出頭，他就在奧地利的格拉茲（Graz）大學出任天文學講師；5 年後，他來到了布拉格，成為丹麥著名天文學學者第谷・布拉赫（Tycho Brahe, 1546 ～ 1601）的助手。恩師布拉赫過世後，他繼承了其職位，在神聖羅馬帝國皇帝魯道夫二世（Ridolph Ⅱ）的宮庭任職天文專家，並得到了恩師所擁有龐大且詳細的天文觀測資料。

　　經過 22 年的努力，他的熱情支撐著他不斷地重覆龐大的計算，終於發現了被後人稱為「克卜勒定律」的行星三大定律。這也就是愛迪生（Thomas Edison）所說的「99% 的努力和 1% 的靈感」所產生的結果。

　　「克卜勒定律」在數學和天文學上有著劃時代的意義，它影響了數十年後牛頓的萬有引力以及天體力學的研究。就如同希臘人發現圓錐曲線一樣，當時的人們並未想到，在經過 1800 年後，圓錐曲線會被實際運用在現實生活上。這點也就是數學的有趣之處，誰也不知道

純粹而抽象的數學，是否在某一天會突然變成影響世界的重要關鍵。

「克卜勒定律」的行星三大定律：

1. 行星運行的軌道為橢圓，太陽則位於橢圓的焦點。
2. 行星與太陽所形成的連線，在等長的時間內掃過相同的面積。
3. 若行星繞行太陽一周所需的時間為 T，橢圓軌道的半長軸為 R，則 $T^2 : R^3$ 為定值。

　　第一定律和第二定律是於 1609 年所發表，第三定律則是在 1619 年於《世界的和諧（Harmony of the Worlds）》中所提出。這些是克卜勒從布拉赫那龐大的天文資料中所歸結出的定律，可以說是至今為止最為偉大的歸納法——不過有趣的是，當克卜勒在 1619 年完成行星三大定律時，伽利略卻完全沒有注意到此定理的出現，實在是有點遺憾啊。

　　克卜勒定律的第二定律中，運用了初級的積分運算。克卜勒、伽利略乃至於最早的阿基米德，都是積分學的先驅。早期的阿基米德利用曲線所形成的平面圖形面積、曲面面積和體積等，再透過限手段求

解，從而促使了積分學的誕生。

　　而克卜勒除了在第二定律中為了計算面積而使用了初級積分外，1615 年，他在觀察到葡萄酒商人測量葡萄酒桶容積的馬虎行徑後，開始研究起新的計算方式，最後出版了《葡萄酒桶新立體幾何》一書。其中也運用了不太純熟的積分法解決此一問題，透過假想成一軸心圍繞著眾多圓錐曲線而形成的立體，來求解 93 種立體的體積。

　　另外，克卜勒在其他各個領域中也都有卓越的貢獻。他發現了「反棱柱(antiprism)」、「截半立方體（cuboctahedron）」、「菱形十二面體（rhombic dodecahedron）」、「菱形（triakontahedron）」等；他還發現到石榴石的結晶就如同菱形十二面體一樣，代表在自然界中也可以找到這些形狀。同時，他也研究了如何利用正多邊形覆蓋任一平面的問題。最後，他更是最初在圓錐曲線幾何學中，首次導入了「焦點（focus）」這個詞彙的人。

　　克卜勒在 1618 年完成的《宇宙的和諧》序文中，曾留下一段至理名言：「我為了當代與後世的人們撰寫此書，但說不定要百年後才會出現讀懂這本書的人；然而，神為了等待一名觀察者，不也等了六千年嗎？」

　　而《宇宙的和諧》在過了 400 年後，即便到了現代，依然在苦苦

等候一個能夠完全讀懂他的人。這是因為克卜勒是個畢達格拉斯主義者，所以他的研究成果經常是由幻想的神秘主義與慎重的科學混合在一起，因此讓後世對其解讀增添不少困難。

克卜勒是個不幸的人。4歲時患了水痘，左眼視力受損、一隻手半殘，後來也因為虛弱的體質而過得很辛苦。他的婚姻更是另一段不幸的故事，不但孩子死於水痘，他的妻子也因為發瘋而亡逝。

由於對天文學的研究，他被天主教視為異端，不但格拉茲大學的講師資格被剝奪，母親更差點受到巫女審判。之後，克卜勒又結了一次婚，但其結果仍是以不幸收場。

由於薪水老是被拖欠，為了增加收入，他也從事占星。實際上，克卜勒還是一個優秀的占星家，有一年他曾準確的預言到「今年是個寒冬、佃農會起義、土耳其將前來侵略」。然而，由於他科學家的身分，對於占星術這類的迷信他曾這麼評價道：「占星師如果說出的種種變成了真實，那也只不過是幸運罷了。」

1630年，他為了前往討回被拖欠的薪水，卻在旅行的途中發燒病逝了。這位偉大的科學家就這樣結束了他不幸的一生，享年59歲。

嗚嗚～
我好可憐

12 數學是什麼？

　　醫生、律師、和數學家，三個人對於「老婆好，還是情人好？」做了這樣這樣的討論。

　　首先，律師說：「情人比老婆好。因為如果之後要和老婆離婚的話，就會有複雜的法律問題。但是和情人就不會有這樣的問題。所以，情人好。」

　　醫生接著說：「不對，我覺得老婆好。因為老婆可以適度地減輕壓力，讓我們更健康。」

　　最後，一旁的數學家說：「你們都錯了。老婆和小三都要有。這樣和老婆在一起的時候就可以想情人，和情人在一起的時候就可以想老婆。」

數學是想的比人多一點

蒼蠅與數學

　　哲學的領域上有很多的學派，然而數學卻不是如此，因為數學的推論都有一個明確的出發基準點。於是勒內‧笛卡兒（René Descartes, 1596 ～ 1650）也想為哲學找到一個基準點，他這麼說道：「我思故我在。」──也就是我們要對所有的事情抱持懷疑，但我們不能懷疑「抱持著懷疑的思考」這樣一個出發點。

　　這個「普遍懷疑」的主張，影響了後世的二元論以及理性主義，更對數學研究帶來了更深的推展。

　　笛卡兒出生於 1596 年法國的圖爾省（Tours）海牙（La Haye）。8 歲時在耶穌會學校學習，由於他的身體孱弱，學校特地允許不用上

我思故我在

早課，也因此養成了他睡懶覺，並在休息中冥想的習慣。

　　1612年他前往巴黎修習法律，並在那裡認識了馬蘭·梅森（Marin Mersenne, 1588～1648）、克勞德·邁多治（Claude Mydorge, 1585～1647），並與他們一起展開了對數學的探索。

　　畢業後，1617年笛卡兒加入了荷蘭王子莫里斯（Prince Maurice）的軍隊，參與了導致三十年戰爭的波希米亞遠征以及匈牙利戰爭。結束軍旅生活後的4、5年間，他遊遍德國、丹麥、荷蘭、瑞士、義大利等地；之後他又在巴黎待了1、2年，除了思考哲學和數學外，也研究了光學。最後他來到當時國力達到巔峰的荷蘭，並在那兒渡過了他學問的全盛時期。

　　他在荷蘭一待就是20多年。1649年，笛卡兒應瑞典女王克里斯蒂娜（Drottning Kristina, 1626～1689）的邀請造訪斯德哥爾摩，卻在訪問的期間得到肺炎，於1650年2月11日病逝。在瑞典舉辦喪禮後，原本應該將他的屍體運回法國安葬，卻因故無法如願。在他去世後17年，他的遺體才終於回到了法國，安葬在萬神殿（Panthéon）中；不過據說這具遺體少了右手腕骨，因為被當時負責運送他的法國王室財政長官居然將其取走留作紀念。

　　笛卡兒待在荷蘭的頭4年，他寫成了《世界或光的考察》一書。在書中他依據伽利略和哥白尼的宇宙觀為基礎，討論了光的形成、經過行星和宇宙的折射與活動現象。原本，他想在1633年出版此書，但在知道了伽利略遭受審判的消息後，便將此書藏了起來。直到他死後14年，此書才得以出版而重見光明。

　　至於他最偉大的成就，是 1637 年出版的《哲學論文集（Essays Philosophiques）》。而其中最重要的著作就是《方法論（Discours de la méthode）》（全名為：談談正確引導理性在各門科學上尋找真理的方法），此中另有三個附錄，分別是「光學」、「氣象學」、「幾何學」。而其對數學的貢獻就在於其中的「幾何學」。

　　「幾何學」的部份，約有 100 頁，分成三卷。第一卷是記述幾何學的理論和古希臘時代幾何學的發展；第二卷是介紹現在已不使用的曲線分類和一些有趣的曲線作圖法；第三卷是關於二次以上方程式的解法。事實上，其中最重要的中心課題就是──幾何問題可以歸結成代數問題，也可以通過代數轉換來證明幾何。

　　在某種意義上，此書中並沒有提供「幾何學」一套完整的系統解法，讀起來晦澀難明，讀者必須透過其他的說明才能理解內容。不過本書中的 32 張圖，卻都附有非常詳盡明確的座標軸，這是以往的數學典籍中所未見的。他創立了「解析幾何（Analytic geometry）」（或

稱座標幾何、卡氏幾何）的存在。

　　1649 年，德博納（F. de Beaune）用拉丁文將它改寫成較為簡單易懂的版本，並由斯庫特（Franciscus van Schooten, 1615 ～ 1660）附上註解後發行。這個版本和 1659 ～ 1661 年間修訂的版本，都讓本書被廣為流傳。即便過了百年之後，在今日的教科書中仍可以看到本書的影子。在笛卡兒引進了座標系統後，1692 年，德國的萊布尼茲（Gottfried Wilhelm Leibniz, 1646 ～ 1716）則帶來了我們現在常用的相關名詞，例如：座標（coordinates）、縱軸（abscissa）、橫軸（ordinate）等，讓解析幾何更加地被廣泛運用。

　　不過當初笛卡兒到底是怎麼創造出「解析幾何」的呢？

　　某日，笛卡兒仍像往常一樣，正賴在床上冥想，突然他看到了房間的天花板上有一隻蒼蠅正在那邊飛。呆望著蒼蠅一陣子後，他突然想到：如果把兩邊的牆壁和天花板作為軸線的話，不就可以繪出蒼蠅飛行的正確路線嗎？於是「解析幾何學」就這麼誕生了。

另外也有這麼一個故事。

1616 年，在聖馬丁節（St. Martin's Day）的前一天，當時隨軍駐紮在多瑙河堤上的笛卡兒，夢到了一個改變他一生的奇特夢境──這個夢奇異、鮮活、條理分明。照笛卡兒的說法，就是因為這個夢，才確立了他往後的人生目標：追尋「驚奇的科學」與「驚人的發現」。雖然笛卡兒最後並沒有告訴人們這兩者到底是什麼，不過我們可以斷定，「解析幾何學」以及「幾何與代數的結合」，正是他對世界最驚人的貢獻。而他在 1637 年的《方法論》中所帶給世人的構思，更奠定了今日數學發展的基礎。

最後定理

　　和笛卡兒同年代的數學家中，唯一可以和他相提並論的或許就只有皮埃爾・德・費馬（Pierre de Fermat, 1601 ～ 1665）。但是，費馬卻不是專業的數學家！

　　關於費馬的生平，並沒有很詳盡的紀錄。不過按照在土魯斯的奧古斯都（Augustus）教會裡，所收藏的紀念石碑（後被移往他處收藏）中記載，他大約於 1601 年 8 月 17 日於土魯斯（Toulouse）出生，1665 年 1 月 12 日於卡斯特爾（Castres）或土魯斯亡逝，享年 57 歲。

　　費馬的父親是小康的皮革商人，因此他在家中接受初期教育；30

歲時他在土魯斯學習法律，並在後來當上了律師與地方議員。他的生活平靜而又真誠，喜愛收藏數學、科學等古籍。從律師工作退休之後，他把所有的時間都奉獻給了數學。

雖然費馬不常正式的發表他的研究，但是他和當時許多偉大的數學家都有過學術交流，影響了當時很多的重要人物。其中之一的代表性人物就是法國的布萊茲・帕斯卡（Blaise Pascal, 1623 ～ 1662），他和費馬透過書信的往返，誕生了數學的機率理論，而他們的研究更為後來萊布尼茲的微積分奠定了基礎；另外，他也是解析幾何學的發明者之一。由於他在數學的各領域中都帶來了卓越的貢獻，因而被人稱為「17 世紀法國最偉大的數學家」。

如前所述，費馬和帕斯卡透過書信往來，在 1654 年開始對「博奕問題」進行了數學的機率理論研究並各自提出了見解。其問題如下：

A 和 B 是擁有相同技術的賭徒。兩人約定好：A 如果得到 2 分即勝出；B 則必須得到 3 分才能勝出。那麼，在這場博奕中，要如何分配投注率才正確呢？

費馬認為，只要進行 4 次博奕就可以知道兩人的勝負了。因此，如果 A 得分以 a 表示；B 得分以 b 表示。那麼 4 次的博奕過程就只會出現 16 種可能：

$$aaaa \quad aaab \quad abba \quad bbab$$
$$baaa \quad bbaa \quad abab \quad babb$$
$$abaa \quad baba \quad aabb \quad abbb$$
$$aaba \quad baab \quad bbba \quad bbbb$$

由上可知，a 出現 2 次以上的情況是 11 次；b 出現 3 次以上的情況是 5 次。也就是說，以 11：5 的方式來分配投注率才正確。

費馬最初的數學貢獻是「機率論」，不過他最偉大的貢獻卻是「數論」。不過可惜的是，雖然費馬主張應將研究成果以及證明過程完整寫下，但他自己卻並沒有做到這點。其最為著名的研究成果「費馬最後定理（Fermat's Last Theorem，又稱『費馬大定理』）」居然只是一些隨記在書頁邊的筆記，使得後人經過多年的努力才終於在 1995 年證明了此定理。

不過在介紹「費馬最後定理」前，先讓我們看看他的另一個成果：「費馬小定理」。

質數 p 與整數 n 互為質數，那麼（$n^{p-1} - 1$）則一定能被 p 整除。

即：

$$n^{p-1} \equiv 1 \,(\mathrm{mod}\, p) \Leftrightarrow n^{p-1} - 1 \equiv 0 \,(\mathrm{mod}\, p)$$

（$\equiv$ 在此表「同餘」而非「恆等式」）

例如：

$$2^{7-1} - 1 = 2^6 - 1 = 64 - 1 = 63 = 9 \times 7$$

$$3^{7-1} - 1 = 3^6 - 1 = 729 - 1 = 728 = 104 \times 7$$

$$4^{7-1} - 1 = 4^6 - 1 = 4096 - 1 = 4095 = 585 \times 7$$

而透過費馬小定理，人們推論其「逆命題」是成立的，即：

整數 p 與整數 n 互為質數，當（$n^{p-1} - 1$）無法被 p 整除時，則 p 必不為質數。

因此，透過費馬小定理，人們可以很快的推論一個數是否為質數。不過很可惜的是，這個逆命題後來很快就被推翻了，人們發現這個求質數的公式在 10^{10} 內，僅有 99.9967% 的準確率，例如：341、561 皆是「偽質數」。

而事實上，如果想要透過費馬小定理找質數，其實也並不是一個聰明的方法。就 1998 年由超級電腦所找到的最大質數（$2^{3021377} - 1$）來

說（目前所知的最大質數，是 2008 年所找到的 $2^{43112609} - 1$），如果想透過費馬小定理去驗證，那麼其計算位數將高達 10^{100000} 以上。

如果你還記得我們先前所提的，我們將 10^{68} 稱為「無量大數」（請參閱第一章），而阿基米德則認為地球的體積可換算成 10^{51} 粒沙子（請參閱第六章）。也就是說，10^{100000} 根本就是一個無法理解，連影印機都印不完的超級巨數！

最後，就讓我們介紹一下「費馬最後定理」：

整數 n > 2 時，則能夠滿足不定方程式 $a^n + b^n = c^n$ 的整數解 a、b、c 不存在。

不過由於費馬本人並沒有證明這個定理，而是在研究丟番圖的《算術》一書時（參第六章），在第二卷的問題 8 旁隨筆附註了這麼一段話：

「將一個立方數分成兩個立方數之和，或一個四次冪分成兩個四次冪之和，或者一般地將一個高於二次的冪分成兩個同次冪之和，這是不可能的。對此，我確信已發現了一種美妙的證法，可惜這裡空白的地方太小，寫不下。」

於是，後世的數學家紛紛投入了證明此定理的研究。瑞士數學家歐拉（Leonhard Euler）證明出當 n ＝ 3、4 時，定理成立；柏林大學的庫默爾（Ernst Eduard Kummer, 1810 ～ 1893）則證明了在 3 ＜ n ＜ 100 時，定理成立。

事實上，這個遺留下來的難題，整整困擾了後世的數學家 350 年之久。1908 年，德國數學家保羅‧沃爾夫斯凱爾（Paul Wolfskehl）甚至留下了 10 萬馬克的遺產，要把這筆錢送給第一個完美證明這個定理的人；而這筆錢，一直到了 1993 年才終於找到了主人。是日，英國的普林斯頓大學教授安德魯‧約翰‧懷爾斯（Andrew John Wiles）

在劍橋大學牛頓研究所的數學家會議中，用了三天的時間證明了這個
定理。不過在當時，懷爾斯的證明仍有些許的錯誤；於後，懷爾斯又
花了一年的時間，在全世界數學家的關注下，於 1994 年完美的證明
了「費馬最後定理」。

13 數學是什麼？

　　數學，不能沒有邏輯。而對很多人來說，「邏輯」與「數學」，都是令人頭疼的東西。但如果你真的深入理解，你就會知道，世界上沒有什麼是比邏輯更簡單的東西了。

　　兩座鄰近的村莊。

　　一個村莊的人只說真話，另外一個村莊的人只說謊話。

　　如果有一天你來到這裡旅行，你要如何只用一個問題，就可以找到自己要前往的村莊呢？

　　很簡單，你只要隨便找一個村民，並指著其中任一個村莊問他：「你是住在那個村莊嗎？」

　　如果你指的是真話村，那你一定得到「是」這個答案；如果你指著謊話村，那麼就一定會得到「不是」這個答案。

　　這是一個很簡單的邏輯問題。

　　因為如果這個村人是真話村的村民，那麼當你指向真話

村時，他只會回答「是」；當你指向謊話村時，他也必定會回答「不是」。而當這個村民是謊話村的人時，當你指向真話村時，為了說謊，他會回答「是」；同樣的，當你指向謊話村時，他也會回答「不是」。

數學是簡單的邏輯

金蘋果戰爭

　　從沒有一個數學家像布萊茲·帕斯卡（Blaise Pascal, 1623～1662）那樣熱愛宗教性的冥想了，他的數學研究總是透過神的啟示後才展開的。也因此，雖然他具有不平凡的才能和對幾何學的洞察力，甚至認為他是「可能成為最偉大數學家的人物」，但他留下來的成就似乎與他的才幹並不相等。同樣不幸的是，他的一生都為嚴重的神經痛而備受煎熬。

　　1623 年，帕斯卡出生於法國的奧弗涅（Auvergne）。他 3 歲喪母，同時由於體質虛弱，因而在家自學。由於父親只能教導他語文知識，卻因此引起他對其他學科的興趣，於是拜託父親請來家庭教師教他數學與科學；不過由於他在數科領域的驚人天份與求知慾，讓父親擔心他會荒廢了語文的學習，因而禁止他在 15 歲前繼續研習數學知識。於是他只好挪用玩耍的時間來學習數學。

　　帕斯卡在 12 歲的時候，就獨立發現了許多初級平面幾何學的相關定理，例如：他利用把剪紙裁出的兩個直角三角形貼在一起，證明了「三角形之內角和為 180°」。因為如此，他父親最後解除了他的數學禁令，允許他閱讀歐幾里德的《幾何原本》，而他也很快地就完全理解了當中的內容。14 歲時，他開始旁聽一些歐洲重要數學家與科學家

們的非正式聚會（法國科學院）。16 歲時，他發現了射影幾何學中的重要定理——「神秘六邊形定理（Mystic Hexagram Theorem）」，即現在人們所說的「帕斯卡定理」，簡述如下：

一個圓錐曲線的內接六邊形，三對對邊延長線的交點將在同一直線上，反之亦成立。

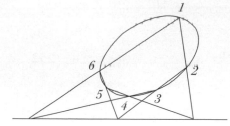

這是他的論文《圓錐曲線專論（Essai pour les coniques）》中的一部分。當笛卡兒看到時，始終不認為這是小他 27 歲的少年所寫就的，堅信必是他父親所代筆。

1642 年，他為了擔任稅務官員的父親，製作了「帕斯卡計算器」，以減輕父親在財政稅務計算上的困難。

帕斯卡 27 歲時，一生沉浸於宗教的他，突然聲稱得到神的啟示，因而中斷了數學的研究而投身信仰。

3 年後，他才又重啟了數學研究，並於 1653 年撰寫了《論算術三角（Arithmetical Triangle）》，從中提出了「帕斯卡三角」；1654 年，在與費馬的通信中，他們共同建立了近代機率論的基礎。1654 年底，他又再度聲稱得到了神的啟示，認為自己再度投入研究的行為已經觸怒了神，因此又再次終止了研究並重回宗教的懷抱。

「帕斯卡三角」如下圖所示：

1	1	1	1	1	1	⋯
1	2	3	4	5	6	⋯
1	3	6	10	15	21	⋯
1	4	10	20	35	56	⋯
1	5	15	35	70	126	⋯
1	6	21	56	126	252	⋯

第二列以下的任意數，其值等於其正上方數字以左之所有同列數字之總和。

例如：第四列中的 $35 = 15 + 10 + 6 + 3 + 1$

另外，沿著上圖中的對角線，我們也可以輕易得到二項式係數。

例如，沿著第 4 條對角線的數為 1、3、3、1，此即為 $(a+b)^3$ 展開後的係數順序；沿著第 5 條對角線的數為 1、4、6、4、1，是 $(a+b)^4$ 展開後的係數順序。此為帕斯卡三角的重要用途之一。

它的另一用途，則為應用於「機率論」上。

在 n 個數中，選出 r 個數的方法有 $\binom{n}{r} = \dfrac{n!}{r!(n-r)!}$ 種，其中，n! = n(n-1)(n-2)......3\cdot2\cdot1。

首先，為了方便計算，我們定義 0! = 1

則以第 5 條對角線的數為例：

$$\binom{4}{4} = 1、\binom{4}{3} = 4、\binom{4}{2} = 6、\binom{4}{1} = 4、\binom{4}{0} = 1。$$

於是，利用「帕斯卡三角」，我們就可以解決先前所提到，他與費馬所共同討論的博奕問題了（請參閱第十二章）：

$$\binom{4}{4} + \binom{4}{3} + \binom{4}{2} : \binom{4}{1} + \binom{4}{0} = (1+4+6):(4+1) = 11:5$$

1658 年，帕斯卡在劇烈的牙疼中，開始思考起了幾何學。當牙疼遠去，他又感覺到了神啟，於是在 8 天的研究後發表了「擺線（Cycloid）」的研究。這是帕斯卡最後的數學成果。

在適當半徑的圓之邊上作任一點，當圓沿著一直線滾動時，該點所經過的軌跡所形成的曲線即是「擺線」。伽利略是最早研究並為此命名的人。此一曲線在數學和物理學上都有著相當重要的地位，對初期微積分學的開發研究也有其價值，更是被借用於拱形橋樑的製作。

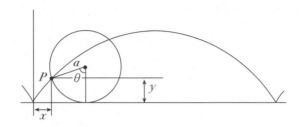

半徑為 a 的擺線參數方程為：

$$x = a(\theta - \sin\theta) \ ; \ y = a(1 - \cos\theta)$$

如果我們利用擺線和直線來製作相同高度的溜滑梯，並使用球的滾動來做實驗。一般而言，因為直線距離較短，我們往往直覺地認為在直線形的溜滑梯上，球滾達終點的時間一定較短；但事實上，在擺線形的溜滑梯上，球滾達終點的時間卻較快。這是因為，不同於直線的運動路徑所造成的重力加速度遞減現象，球在擺線上滾動會有加速現象，因此能更快到達終點。

利用這個原理，最常看到的設計就是「瓦片」。瓦片之所以設計為弓形，正是基於擺線的原理，如此便能減少雨水停留在瓦片上的時間，而避免雨滴滲透到瓦片中讓木造建築物腐蝕；同樣的，這種加速性質也可以從動物的身上找到其運用方式。例如，當老鷹從高空飛往地面獵捕松鼠或兔子的時候，並不是以直線方式下降，而是以圓弧形下降的方式接近目標。

關於擺線的研究，有很多數學家在相近的時期貢獻了他們的研究成果，但他們卻對於「誰先發現」而展開了激烈的爭論。所以後來，

擺線又被稱為「引發紛爭的金蘋果（the apple of discord）」又或者叫
做「幾何學中的海倫 (The Helen of Geometers)」。這其實是取自一段
希臘神話故事的寓意：

希臘神話中，紛爭女神厄里斯（Eris）喜歡替眾神與人們帶來紛亂。
一天，厄里斯帶來了一顆金蘋果，並告訴赫拉（Hera，宙斯的妻子）、
阿芙蘿黛蒂（Aphrodite，愛與美的女神）、雅典娜（Athena，智慧與
藝術的女神）這三位女神說：她要將這顆蘋果獻給最美麗的女神。

於是，三位女神為了這顆蘋果而互不相讓，最後眾神間的爭執引
發了人間的「特洛伊戰爭」（而在人間引起此戰爭的原因，卻是因為
英雄們要爭奪世界第一美女海倫所導致）。

最後，帕斯卡的著述中，也有數學領域外的重要典籍。《沉思錄
（Pensees）》是一本被視為現存的早期法國文學典範，此書是在他短
暫生涯的末期所寫就的。此書的緣由，本是起因於他打算撰寫「基督
辯證法」的相關書籍，不過還在草稿階段，他就去逝了。於後，近親
與朋友們才一同整理他的書稿筆記，並在在 1670 年出版成書。

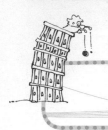

迷糊蛋牛頓

　　牛頓（Isaac Newton, 1643 ～ 1727），在伽利略去世後的隔年聖誕節，他出生於英國林肯郡的埃爾斯索普莊園。牛頓的父親在他出生前 2 個月去逝，由母親獨立撫養他。3 歲時，由於母親改嫁鄰村的 63 歲牧師史密斯，而史密斯不接受牛頓；因此牛頓被迫和母親分開，和外婆住在一起。而因為思念母親，他經常爬上大樹上眺望母親居住的村莊。這樣的背景，讓牛頓長大後變得敏感、孤僻，身邊沒有什麼朋友。

　　之後，牛頓進入劍橋大學修業，認識了恩師巴羅（Isaac Barrow, 1630 ～ 1677），由於巴羅肯定牛頓出眾的數學才能，於是讓出自己的盧卡斯數學教授席位（Lucasian Chair of Mathematics）予牛頓。事

媽媽

實上，巴羅本身在希臘語和神學領域上，也是備受肯定的卓越學者，他的才華也未必遜於牛頓。

　　而牛頓擔任如此重要的教授教職，我們或許會想像他的課堂上一定擠滿了學生。但事實上卻非如此。他的講座幾乎沒什麼學生，而且能夠真正理解他授課內容的也不多；有的時候，甚至連半個學生也看不到。在這種學生稀少的情況下，他往往就只對著牆壁上課。所以，雖然牛頓自身的科學成就相當卓越不凡，不過在授課方面他卻不是一個成功的老師。

　　牛頓的日常生活相當平淡。他避免和人接觸，也不做運動，休息的時候往往就一個人陷入冥想之中。

　　據說，有一次牛頓的老同事隨手翻了一下牛頓正在閱讀的歐幾里德的舊書，然後說道：「讀這種舊書有什麼意義嗎？」牛頓嘴角微微一翹，笑了。這是所有跟牛頓相關的紀錄中，他唯一展露笑容的一次。

　　牛頓一生的成就，其數量之龐大無法在此細數，但卻一定要介紹

其中最為重要的，1687 年發表的《自然哲學的數學原理（Philosophiae Naturalis Principia Mathematica）》。書中首次將古典力學與天體運動完全用數學方法表示。本書在科學史上發揮了巨大的影響力，在愛因斯坦（Einstein）發現相對論以前，所有的物理學和天文學知識體系都是以本書為基石所建立的。

於後，牛頓也依序發表了各種重要的著作：《光學（Opticks, 1704）》、《廣義算術（Arithmetica Universalis, 1707）》、《級數解釋學（Analysis per Series, 1711）》、《微分法（Methodus Differentialis, 1711）》、《光學講論（Lectiones Opticae, 1729）》、《流數與無窮級數（The Method of Fluxions and Infinite Series, 1736）》等，在其中，提到了利用解析幾何的方法來求解三次曲線；利用無窮級數、積分來計算曲線長度與面積；發現實多項式的虛根必定成雙出現的定律，找到求多項式根的上限的規則，創造了以多項式的係數表示多項式的根 n 次冪之和公式，並給出實多項式虛根個數的限制。

再回到《自然哲學的數學原理》這本鉅著，當中最重要的研究成果就是「萬有引力」和「三大運動定律」。大家或許都聽過這麼一個故事：一日，牛頓在花園中閒步沉思，突然，一顆蘋果從樹上落下砸到了他的頭。一般人如果不是因此感到惱怒，就是會直接把蘋果撿起來吃了吧。但牛頓卻從中發現了重力與萬有引力的存在。

實際上，牛頓或許早就在構思重力法則了，這顆蘋果只不過是一個故事的點綴。但不可否認的是，「牛頓的蘋果」卻深深影響了後世科學的進步與發展。

接著，就讓我們來看看「牛頓三大運動定律（Newton's laws of motion）」：

牛頓第一定律：

當物體所受的外力為平衡力系時，靜者恆靜，動者呈勻速直線運動。此又稱「慣性定律」。

牛頓第二定律：

當物體所受的外力為不平衡力系時，合力的方向會產生加速度使物體運動。合力等於此物體的質量與加速度的乘積。此又稱「加速度定律」。

如果將石頭往上丟，經過一定的時間之後，石頭就會開始墜落，這是為什麼呢？除了在往上拋擲的過程中，石頭因受到空氣摩擦的影響而不斷降低向上的移動速度外；從第二定律中我們可以知道，由於地球引力的影響，石頭所受的合力最終會將石頭拉回地表，而不會向

外太空漂浮而去。

牛頓第三定律：

凡有一作用力，則必產生一反作用力，二者相等而方向相反。也就是「作用力和反作用力」。

若物體 A 對物體 B 進行作用力，則物體 B 對物體 A 進行一反作用力；第三定律的重要概念，就是不論在任何狀況下，力量都不會單獨作用。也就是說，當地球吸引物體落下時，物體也將以相同的力量牽引地球，只是因為地球的質量太大，這種牽引的力量對他來說微不足道。舉例來說，如果 1 公斤的石頭受到引力影響而落下 1 公尺，那麼以地球的質量大約 6×10^{24} 公斤來說，地球就大約移動了 $\dfrac{1}{6 \times 10^{24}}$ 公尺，幾乎可以忽視。

牛頓的成就不僅只在物理學上而已，在天體力學以及數學領域中

他也都帶給後世巨大的影響。這或許正是因為他擁有異於常人的超強
集中力，聽說他經常一天花 18 ～ 19 個小時致力於研究之上，如此才
帶給他如此輝煌的成果。不過也正因為如此，他也鬧了不少糊塗事。

　　有一次，牛頓邀請了幾位好友來家裡吃晚餐，為了招待客人，他
走回房間準備拿葡萄酒。不過卻因為一心想著研究的事而忘記了回房
的原因，於是反而換件衣服之後上教會去了。

　　又有一次，牛頓的朋友史達克‧凱利（Steck Kelley）博士受牛頓
之邀，來到他家準備享用一頓烤雞大餐。不巧牛頓又忘了這事而出門
去了。史達克等了許久，乾巴巴的望著盤上的美食，卻始終等不到牛
頓的回來。最後博士實在忍不住了，一個人就把整隻雞一掃而空，只
把吃剩的骨頭放回盤裡，再用蓋子蓋起來，而當牛頓回到家後，打開
蓋子一看，居然這麼說道：「我都忘了，原來我們已經吃過晚餐了！」

借過一下

　　還有一次，牛頓在騎馬回家的途中，經過一段小山丘，於是他從馬背上下來牽馬而行。然而在路途中，馬卻突然因為脫韁而停了下來，但牛頓卻毫無知覺，邊想著研究邊拉著空的韁繩爬到了山頂。一直到他要騎馬的時候，這才發現馬早就不見啦！

　　另外還有個有趣的故事。某年冬天，牛頓坐在壁爐旁努力作著研究。因為在爐邊坐得久了，覺得很熱，於是就叫來僕人吩咐道：「壁爐太熱了，把壁爐挪遠一點。」僕人聽到後，就幫忙牛頓把椅子往後挪開。牛頓看了就說：「嗯，這真是個好辦法！」，然後又繼續埋首於他的研究中。

　　據說又有這麼一次，牛頓在忙著進行研究時卻想煮個蛋來吃，於是他一手拿著雞蛋，另一手拿著手錶，就這麼烹調了起來。不久當他再打開鍋子時，裡頭的不是雞蛋，卻是那只手錶。

　　雖然牛頓在生活上事這麼的糊塗，但卻是一個優秀的數學家，同

時在各個領域都有卓越的成果。萊布尼茲就曾給予牛頓這樣的評價：「從世界初始到牛頓的時代為止，所有數學成就中，牛頓的貢獻就占了一半。」

　　牛頓是個早產兒，也是個世界公認的天才。不過老天爺卻沒有因此嫉妒他，反而讓他活到了 84 歲的高齡，最後才因慢性病去逝。其墳坐落於西敏寺（Westminster Abbey）。

14 數學是什麼？

　　生物學家、統計學家、數學家、以及電腦工程師一起到非洲去旅行。他們乘車在草原上兜風。

　　突然，生物學家大喊：「大家快看，那邊有一群斑馬，裡頭居然有一匹白色的斑馬！天啊！我將會因為這個發現而成為名人。」

　　統計學家看了一眼後說：「有什麼特別的，不過就是隻斑馬而已。」

　　電腦工程師緊接著說：「不對，這相當特別。應該將這個視為一種例外。」

在看到月亮的背面以前，不能確定它後面不是光滑的

最後，數學家看著白色斑馬說：「嗯，從這邊看，牠好像是一匹白色的斑馬；不過我們應該繞道另一邊去看，才能確定牠是否真是一匹白色的斑馬。」

數學是不能只看眼前的事物

簡樸的葬禮

從古希臘時代開始，微分和積分的研究就已經展開。阿基米德為求圓面積，當時就已經使用了和現今積分相似的概念；阿波羅尼奧斯的《圓錐曲線論》中也有相類似的概念運用。然而，最初將微積分獨立為專門學科，並且使其觀念成熟、計算系統化的人，卻是英國的牛頓和德國的萊布尼茲。

1665 年，牛頓在研究流數（Fluxions）時，從運動學的角度出發，開始了微分的研究（當時牛頓稱微分為「正流數術」）。一開始，這件事情只有他的幾個同事知情。不過幾年後，牛頓透過英國皇家學會的書記歐登柏格（Oldenburg）與萊布尼茲有了書信往返，信中他大略的提到自己已經發現了某種微分法則，卻沒有詳述其內容；而萊布尼茲卻在回信中詳細的提出了自己獨立發現的微分研究，牛頓看完後，認為兩人的發現除了符號外幾乎沒什麼不同。於後，兩人就斷了音訊。

之後，萊布尼茲在 1684 年，於歐洲發表了一篇關於微分的文章《一種求極大值極小值和切線的新方法》──這是世界史上最早公開發表微分學的紀錄。這篇文章中，他從幾何學的角度切入，定義了微分並提出了一些基本法則。於是微分法就此傳了開來，有很多問題因

此得以解決，使得數學史往前邁進了一大步。

　　1687 年，牛頓發表了鉅著《自然哲學的數學原理》。在註釋中，他提到了一部分當初與萊布尼茲交換的研究內容。從此，「牛頓與萊布尼茲到底誰才是微積分創始人」的爭論，一直延燒至今。

　　而這個問題，最後演變成英國和德國的政治性鬥爭。歐洲各國大部分都使用萊布尼茲的微分符號，唯獨英國人堅持要使用了牛頓的微分符號。也因為如此，最後造成了英國的數學發展整整落後了世界百年之久。

　　總結來說，微分的研究上，雖然牛頓在理論上的貢獻較大；但在微分符號的引用上則是萊布尼茲勝出。今日我們使用的微分符號，正是由萊布尼茲所設計的。

　　以下，是萊布尼茲的微分符號以及其應用之法則：

1. a 若是常數，da ＝ 0。

2. d（ax）＝ adx

3. d（x － y ＋ z）＝ dx － dy ＋ dz

4. 如果 n 是自然數，d（x^n）＝ nx^{n-1}dx

5. d$\left(\dfrac{1}{x^n}\right)$ ＝ － $\dfrac{n}{x^{n+1}}$ dx

6. d$(\sqrt[n]{x^m})$ ＝ $\dfrac{m}{n}$ $\sqrt[n]{x^{m-n}}$ dx

7. d(uv) ＝ udv ＋ vdu

8. d$\left(\dfrac{u}{v}\right)$ ＝ $\left(\dfrac{vdu - udv}{v^2}\right)$

而牛頓的微分符號如下：

$$\dot{x} , \ddot{x} , \dot{y} , \ddot{y} , \cdots\cdots$$

其表現方式是利用媒介變數 t：

$$\frac{y}{x} = \frac{\dfrac{dy}{dt}}{\dfrac{dx}{dt}} = \frac{dy}{dx}$$

之後，經過了眾多數學家的努力，19 世紀時終於誕生了「微積分

學的基本定理」，闡明了微分和積分互為逆運算的關係。

　　最後，讓我們簡單介紹一下對微積分符號貢獻卓絕的萊布尼茲。
（關於牛頓，請參閱第十三章）

　　哥特佛萊德・威廉・萊布尼茲（Gottfried Wilhelm Leibniz,
1646～1716），1646 年出生於德國的萊比錫。萊布尼茲的父親是大
學教授，在他六歲的時候就過世了。不過父親所留下的私人圖書館，
卻讓他從 12 歲開始就自學拉丁文和希臘文，20 歲就完成了學業，習
得了數學、神學、法學等知識。

　　他在很年輕的時候，就構思出「一般性特徵（characteristica
generalis）」之形式規則的符號操作概念，希望透過世界共通的
符號語言，來促使論證皆可轉化為正確的算式。這為後來喬治・
布爾（George Boole, 1815～1864）的《邏輯的數學分析（The
Mathematical Analysis of Logic, 1847）》中的符號邏輯、以及阿爾弗

雷德·諾思·懷特黑德（Alfred North Whitehead, 1861～1947）與伯特蘭·羅素（Bertrand Russell, 1872～1970）和著的《數學原理（Principia Mathematica, 1910）》鋪平了道路。

　　1666 年，萊比錫大學的教授們可能出於嫉妒，藉口萊布尼茲太過年輕而拒絕授予其法學博士的學位。於是他轉到紐倫堡（Nuremberg）的阿爾特多夫（Altdorf）大學並順利取得學位。於後，他在紐倫堡擔任法官因而進入了政治圈。1672 年，萊布尼茲受派出使巴黎，因而遇見了當時住在巴黎的克里斯蒂安·惠更斯（Christiaan Huygens, 1629～1695，荷蘭物理學家、天文學家和數學家），於是從此踏進了數學的領域。

　　萊布尼茲的一生成就非凡，更是跨足多個領域的「萬能大師」。在哲學上他被人與亞里斯多德、康德，並稱為歐洲三大哲學泰斗；數學上更與牛頓齊名。但最後，為了政治和宗教的原因，當他於 1716 年去世時，居然只有他忠誠的僕人參與了這場葬禮。

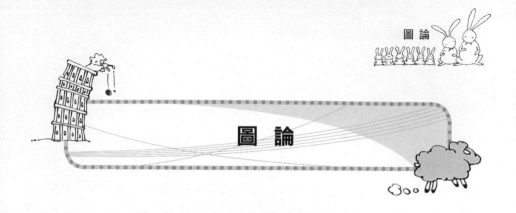

圖 論

　　17 世紀後半，瑞士的伯努利家族（Bernoulli family）誕生了一匹優秀的數學家和科學家，他們是數學史上最傑出的家族。伯努利家族的人當中，最傑出的是雅各布‧伯努利（Jakob Bernoulli, 1654 ～ 1705）和約翰‧伯努利（Johann Bernoulli, 1667～1748）兩兄弟。尤其弟弟約翰在羅必達（de l'Hôpital, 1661 ～ 1704）侯爵的財政支持下，在 1696 年編寫了最早的微積分學教材。而其中最重要的「羅必達法則」（是一種利用導數來計算未定式，如 $\frac{0}{0}$、$\frac{\infty}{\infty}$ 的極限的方法）也是引用自侯爵之名。

　　除此之外，約翰‧伯努利的研究範圍還包括了：反射和折射的光學現象、求等交曲線族的問題、用微分方程求解曲線長度和曲面面積、

解析三角法、指數函數的微分法、最速降線（Brachistochrone，又稱捷線）問題、等時降線（tautochrone curve 或 isochrone curve）等。

約翰的哥哥雅各布・伯努利，是最早使用「極座標系」的人，他找到直角坐標系與極坐標系下的曲線的曲率半徑公式；另外他也對懸鏈線、平面曲線、以及等時降線都做了深入研究。同時，他也探究了特定周長的平面封閉曲線中，選取圍出最大面積的曲線問題，這個問題是後來變分法的濫觴。

雅各布・伯努利的數學研究成果斐然，在統計學和機率論領域上，有「伯努利分布」、「伯努利定理（為大數定理的前身）」；在微分領域中有「伯努利微分方程」；數論中有「伯努利數」和「伯努利多項式」；另外還有高等數學中的「伯努利雙紐線」等等。

而「積分（integral）」這個詞，最早，也是雅各布在 1690 年，刊載於《學藝》中一篇討論等時降線的論文中，所首次提到。

伯努利家族不僅自己本身學養豐富，更教出了一匹對 18 世紀的數學發展帶來突破性貢獻的數學家。其中包括：萊昂哈德・保羅・歐拉（Leonhard Paul Euler, 1707 ～ 1783）、傅立葉（Fourier, 1768 ～ 1830）、達朗伯特（d'Alembert, 1717 ～ 1783）、阿德里安－馬里・勒讓德（Adrien-Marie Legendre, 1752 ～ 1833）、拉普拉斯（Laplace, 1749 ～ 1827）、加斯帕・蒙日（Gaspard Monge, 1746 ～ 1818）、約翰・海因里希・蘭伯特（Johann Heinrich Lambert, 1728 ～ 1777）。而當中，歐拉更是世人所推崇的頂尖數學家。

1707 年，歐拉出生在瑞士巴塞爾（Basel）。由於父親是加爾文宗

（Reformed churches）的牧師，受其影響，他早期學習神學。但後來卻逐漸發現自己的數學才能，轉而開始學習數學。他的老師就是約翰‧伯努利。

歐拉從小就天賦異稟，19 歲時，撰寫了「如何調整船上桅杆的最佳位置」的相關論文而獲得了法國科學院獎。不過有趣的是，歐拉的論文成果，完全是從數學研究出發的，當時他甚至連船都沒有搭過呢。

歐拉是數學史上著作最多的學者，在數學的各個領域都可以看到他的名字。歐拉生前共發表了 530 篇的著作；而死後留下的大量手稿，也讓聖彼得堡科學院持續刊載了 47 年之久。全部的作品加總起來約共 886 件，由於數量龐大，彙整起來可以說是曠日廢時。1909 年開始，瑞士自然科學基金會開始籌組準備出版《歐拉全集》，到目前為止共出版了 73 卷，而整理工作仍在持續當中。

在歐拉的眾多著作中，《無窮微量解析入門（Introductio in analysin infinitorum, 1748）》最為經典。這本書就像歐幾里德的

《幾何原本》一樣，重新整理歸納了到當時為止的數學精華，並重新校正更修了其中部分的錯誤與證明，可以說是當時唯一且必看的著作；另外，1755 年出版的《微積分概論（Institutiones Calculi Differentialis）》；1768 ～ 1774 年間的三本《積分學概論（Institutiones Calculi Integralis）》。這三套書，奠定了日後解析學的發展基礎。

歐拉的成就絕對不亞於牛頓，以下就讓我們更進一步的了解他在數學上的貢獻。

首先，讓我們看看歐拉引進了哪些數學標記法：

f (x)　：函數

e　　 ：自然對數函數的底數

a, b, c：三角形 ABC 的邊

s　　 ：三角形 ABC 的周圍的一半

r　　 ：三角形 ABC 內接圓的半徑

R　　 ：三角形 ABC 外接圓的半徑

Σ　　 ：總和符號

i　　 ：虛數單位 $\sqrt{-1}$

而大力推動人們接受複數（即包含實數與虛數）的歐拉，也找到了一個非常重要的複分析公式──「歐拉公式」：

$$e^{ix} = \cos x + i \sin x$$

透過歐拉公式的演算，他也得到了很多像「歐拉恆等式」：

$e^{i\pi} + 1 = 0$ 等重要的關係式。

　　另外，他找到解四次方程式的「歐拉解法」；在數論中，提出了「歐拉定理（也稱費馬－歐拉定理或歐拉函數 φ 定理）」；在高等微積分學中，導入 β、γ 函數。同時，他還在常微分方程的領域找到了「歐拉方法」，用線性近似的方式解決常微分方程的數值積分問題；除此之外，他也對微分幾何、有限差分法、變分法等有相當大的貢獻。

　　當然，他的成就不僅止於這些，也還有許多在光學、力學、天文學上的成就。

　　不過，且讓我們先在此打住，先來談談一個比較輕鬆愉快的研究：「圖論（Graph theory）」。

　　1736 年，歐拉在一篇論文中提到了「柯尼斯堡七橋問題」。這是關於圖論領域的第一篇文章，而這個問題也成為後世最為有名的歐拉路問題，亦即一筆畫問題。問題簡述如下：

　　當時東普魯士柯尼斯堡（今日俄羅斯加里寧格勒），其市區橫跨普列戈利亞河兩岸，由七條橋連接市內的交通。在所有橋都只能走一

遍的前提下，如何才能把這個地方所有的橋都走遍並回到原點？

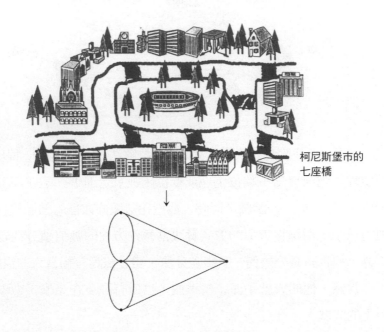

柯尼斯堡市的
七座橋

歐拉把現實的問題，簡化為平面上的點與線：每一座橋視為一條線，橋所連接的地區視為點。這樣若從某點出發後最後再回到這點，則這一點連接的線數必須是偶數。

於是，透過這些類似的問題，歐拉得出一個判定是否能「一筆劃」的法則：如果銜接奇數線的點不止兩個，那麼路線不存在；如果只有兩個點銜接奇數線，那麼只要從其中一點出發，就能完成路線；如果所有的點都是銜接偶數線，那麼從任一點出發皆可完成路線。

1735 年，歐拉為了計算出彗星的軌道，不眠不休的研究了三天的

時間；卻也因此，導致他的右眼失明。後來他的肖像畫之所以只畫了左半邊的臉，或許就是為了這個原因。

　　從 1727 年開始，歐拉就一直待在俄國聖彼得堡的俄國皇家科學院工作。1733 年，他接下了數學所所長的職位；1735 年他又兼任了地理所的職務。於是隨著右眼失明以及辛勤的地圖學工作，1766 年，他完全喪失了所有的視力。

　　失明，對數學家來說是一個巨大的障礙。但就像失去聽覺的貝多芬仍然可以作曲一樣，歐拉雖然失去視力，但他的論文生產量反而提高了！ 1775 年時，他甚至每個禮拜就會出產一篇論文。

　　1783 年 9 月，歐拉與世長辭，享年 76 歲。據說他在生前的最後一天，還在和孫子們談論最新發現的定理和天王星等研究內容。而他的 13 個子女中，長子約翰・阿爾布雷希特・歐拉（Johann Albrecht Euler, 1734 ～ 1800）則在物理學領域也有所貢獻。

15 數學是什麼？

　　一位著名的數學家這麼告訴他的學生們……

　　如果你理解一個數學理論，並知道如何證明它。你可以把它刊載在數學刊物上……

　　如果你理解它，但卻不能證明，那就把它刊載到物理學刊物上……

　　如果你既無法理解，也無法證明這個理論時，那就把它刊載到工程學刊物上吧。

金牌做成的鏡框

約翰・卡爾・弗里德里希・高斯（Gauss, 1777 ～ 1855），於德國布倫瑞克（Braunschweig）出生。3 歲時，他就已經能指出父親計算中的錯誤，令人驚嘆。難怪人們說數學史上只有阿基米德和牛頓可以和他媲美，甚至封他為「數學王子」。

不過從高斯的血緣背景來看，實在很難想像他日後在數學領域上的偉大成就。父親的先人是農場主人、勞工等；母親的先人則是農夫、石匠、官吏、聖職者等。或許，他是繼承到了母親一方的血緣吧。

高斯的父親是個標準的粗人，一生貧困，脾氣火爆。他時常對兒子打罵，也完全不在乎什麼教育，有時候根本就像頭野獸；相反地，他的母親品格高尚，聰敏靈慧而且富有幽默感。由於他不想讓兒子成為像先生那樣無知的人，於是盡心的培養高斯，也因此才成就了高斯日後的偉大。直到她 97 歲逝世前，她都一直以他為榮。

高斯7歲的時候進入小學就讀，當時的老師是布特納（Buttner）先生。布特納的教育方式非常嚴格，由於他體罰學生時出手非常重，有些學生甚至會怕到忘了自己的名字。不過，卻也是布特納發現了高斯的才華。

高斯 10 歲那年，布特納為了想暫時休息一下，於是刻意出了一個

數學問題讓學生去算,也就是求 1 到 100 的總和。

　　正當同學們都非常認真的在運算這些數字時,卻只看到高斯已經坐在那裡發呆。於是布特納走了過去。當他一看到高斯桌上的紙時,他不禁嘆服道:「你已經超越我了!我再也沒什麼可以教你了。」

　　原來,高斯利用了「等差級數」的對稱性,將數字捉對排布以求解。而這個方式正是我們現在用來求等差級數和的公式。簡述如下:

$$1 \quad + \quad 2 \quad + \quad \ldots\ldots \quad + \quad 99 \quad + \quad 100$$
$$100 \quad + \quad 99 \quad + \quad \ldots\ldots \quad + \quad 2 \quad + \quad 1$$

　　由上方的數列我們可以知道,所有上下兩相對數相加皆為 101,總共 100 項。所以我們可以知道 $\dfrac{101 \times 100}{2} = 5050$ 。

　　而從這次以後，開啟了高斯對數學領域的探索，而布特納也對高斯青眼有加，盡可能的為他提供最好的數學教材。

　　如果要拿高斯和阿基米德與牛頓相比較，他們兩人的數學成就大多都屬於較為普遍性的知識；反之，高斯的數學成就則是相當於大學教育以上的程度，在應用數學領域中具有相當高的水準。

　　高斯從小就開始接觸歐幾里德的《幾何原本》，在他12歲的時候，就已經開始懷疑：是否其中的第五公設（即平行公設）是否為必要？他甚至預言，因為第五公設的疑義，未來將會出現「非歐幾里德幾何學」。這個預言最後果然成真了，不過關於這個問題，高斯一生中不曾發表，也沒有繼續深入的研究。這些觀點是在他死後，才從他與朋友的信件以及遺留下來的手稿中被人發現的。

　　高斯的主要成就之一，是1799年，在海倫史達特（Helmstadt）大學裡取得博士學位時所提出的論文——「代數基本定理（Doktorarbeit uber den Fundamentalsatz der Algebra）」。這個定理是說：任何一個一元復係數多項式，都至少有一個複數根。由於複數在當時仍普及，因此他的論文從根本上為數學界帶來了震撼。

　　另外，他也繼承了歐幾里、費馬、歐拉的傳統數論，於1801年發表了《算術研究（Disquisitiones Arithmeticae）》這本鉅著，當中討論了圓內接正多邊形的尺歸作圖，以及作圖和數論間的關係。

　　他是這麼看待數論的：「數學是科學的女王，數論是數學的女王。」

　　不過高斯雖然在數學領域小有名氣，但一般大眾並不認識他；他

會成為眾人所熟知的人物，主要還是因為他運用自己驚人的計算能力，測算出了小行星穀神星（Planetoiden Ceres）的運行軌跡。另外，他在拋物線形的軌道問題上，僅花了一個小時就計算出一顆行星的軌道。

當他聽到歐拉用古典方法去探求彗星軌道，並因而大耗精神最終導致失明，他忍不住說道：「如果我用那種方式算三天，我的眼睛也會瞎掉。」

1807 年，高斯受命為哥廷根大學的教授和當地天文台的台長，而這成為他終生的職業。

在談論到高斯的故事中，我們可以看到當時的人們對他的崇拜。著名的德國探險家與自然科學家洪保德（Humboldt, 1769 ～ 1859）就曾經這麼問法國的數學家拉普拉斯（Laplace）道：「誰是德國最偉大的數學家？」

洪保德原本預期聽到的答案，是高斯。然而，拉普拉斯卻回答：「德國最偉大的數學家是約翰·弗里德里希·帕夫（Johann Friedrich

Pfaff, 1765 ～ 1825）。」

　　於是洪保德追問道：「那高斯呢？」

　　拉普拉斯回答：「高斯是世界上最偉大的數學家。」

　　當時法國和德國正處在敵對的狀態，拉普拉斯仍毫不吝惜地稱讚高斯，足見其對高斯的崇敬。

　　不過，雖然高斯的數學成就名揚四海，但數學卻解決不了他和兒子尤金‧高斯（Eugene Gauss, 1811 ～ 1896）的緊張關係。

　　高斯在 1803 年遇見了第一任妻子喬安娜（Johanna Osthoff），她優雅的外表以及溫柔的性格，讓高斯深深的著迷。交往一年後，他們就結婚了。1806 年，他們的長子約瑟夫（Joseph, 1806 ～ 1873）誕生；接著，女兒薇赫明娜（Wilhelmina, 1808 ～ 1846）、老三路易斯（Louis, 1809 ～ 1810）相繼出生。然而，由於難產，路易斯出世不久後喬安娜就病逝了，而路易斯也在 6 個月後去世。

　　痛失愛妻的高斯讓他墜入了憂鬱的深淵，10 個月後，他和愛妻的好友，敏娜（Minna Waldeck）再婚。然而，身體屢弱的她也在 1831 年因肺結核辭世。敏娜和他也生下了三個子女，分別是尤金、威廉（Wilhelm, 1813 ～ 1879）、和德蘭（Therese, 1816 ～ 1864）。

　　在高斯的子女中，尤金繼承了他的數學與語言天份。但是追求完美的高斯，為了擔心家人和自己在相同領域上的表現太過庸俗，進而玷污了自己的名聲，於是強迫尤金就讀法律。為此，尤金以沉迷酒與賭博來表達抗議，這讓高斯更加無法忍受。於是，在一次激烈的爭吵後，尤金憤而逃往了美國，父子關係降到了冰點。

金框
眼鏡

　　1840 年，尤金在密蘇里州的聖查爾斯郡成為了一個成功的企業家。他販賣穀物和木材，並成立了「第一國家銀行（First National Bank）」。他對於數學的熱誠，並未因此熄滅，雖然沒有在純數學的領域中繼續發展，而是他將注意力轉移到了實際運用的領域。

　　據說，高斯死後，他將一塊某國國王贈送的紀念金牌留給了尤金；但尤金可能是出於反骨，於是他將這快金牌融化製成了鏡框。

　　尤金對數學的熱愛一直沒有被澆熄，即便戴著金牌眼鏡，他時常演算的雙眼也逐漸模糊了起來。但就算如此，他仍是熱衷於心算。80多歲時，他曾試著計算：從亞當夏娃的創世紀開始到 1894 年為止，6,000 年的時間裡，如果以每 1 美元增加 4% 的年利率來計算，那麼最後總和為多少？

　　據尤金的計算，如果把所有的錢換成黃金堆將起來，和那驚人的數量相比，地球會小到像是浴缸裡的一滴水呢。

　　讓我們再回頭來看看高斯的後半生吧。他一生都過得很健康，良

好的體能以及優越的能力，讓他在數學、天文學、大地測量學、物理學等領域中，都能夠和一整個研究團隊的成果相媲美。1852 年秋，他的健康狀態開始惡化，1855 年 2 月 23 日，數學王子高斯在安詳的睡夢中離開了人世，享年 77 歲。

　　葬禮當天，不論各個領域的學者，還是一般大眾都前來哀悼。高斯戴著象徵榮譽的桂冠平和地躺著。在戴德金（Dedekind, 1831 ～ 1916）等 12 名學生的護擁下，將靈柩安葬在哥廷根的聖奧爾本斯（St. Albans）墓園。

讓未來的數學家忙上500年

　　現代代數學的先驅，尼爾斯‧亨利克‧阿貝爾（Niels Henrik Abel, 1802 ～ 1829）。他在數學領域的貢獻雖然讓後人驚嘆，但他在活著的時候卻沒有人重視他的研究。

　　出生在挪威的小村莊中，他是個牧師的兒子。中學時期，阿貝爾的數學老師相當粗暴，從小身體就不好的阿貝爾因為無法忍受他的體罰，休學在家。阿貝爾 15 歲那年，這位數學老師因為體罰的手法太過暴力，失手打死了國會議員的兒子，因而被趕出校園；由於這個契機，阿貝爾才又再度回到學校，並得到下一任數學老師洪波義（Bernt MiChael Holmboe）的指導。

　　由於洪波義的關係，阿貝爾開始喜歡上數學。17 歲的時候，阿貝爾一度以為自己發現了「五次方程的解法」！對於這個重大的發現，他立刻將論文拿給老師看尋求指教。而無論是洪波義還是洪波義的恩師漢斯丁（Christoffer Hansteen）教授，兩人都無法從中找出錯誤。於是，阿貝爾又將論文寄給在丹麥哥本哈根的德根（Degen）教授。這次，德根教授很快地就從中發現了錯誤，而他也發現了阿貝爾的驚人天賦；於是在德根教授的鼓舞下，阿貝爾修改了論文，進而研究出了「五次

方程的根式解的不可能性」的證明方法。也因為這件事，阿貝爾才逐漸被世人知道，但卻也因為這次的不良記錄，使得日後他的研究多半被人質疑是否正確，在有生之年得不到應有的重視。

17 歲時，父親去世，家庭經濟頓時陷入困境。家中排行老二的他，共有 7 個兄弟姊妹，大哥有精神疾病，因此全家的經濟壓力就落到了他身上；19 歲時，他在旁人的金錢資助下，方能進入奧斯陸大學並完成學業；20 歲時，他在哥本哈根又遇到了恩人德根教授，獲得了德根教授的直接指導。最後，他也在這兒遇到他的戀人克里斯汀（Christine）。

1824 年，在證明了「五次方程的根式解的不可能性」後，他獲得了一筆獎學金，恰可供他到德國、義大利、法國等頂尖數學家匯集的國家旅行。旅行期間，他寫了很多關於無窮級數的收斂、阿貝爾積分、橢圓函數等各個領域的論文；1826 年，阿貝爾再次將兩年前的論文進行最後的修繕與補充，在德國的數學期刊《克列爾》第一卷上發表了

〈五次以上方程之代數解法的不可能性〉。在過去好幾個世紀都無法解決的問題，終於在他的手上得到了完美的答案。

　　但在當時，這篇論文卻長期沒有得到眾人正視。據說，當時負責論文評審的是最權威的數學家——高斯，但他卻因為不小心把阿貝爾的論文和自己的混在一起，因此根本就沒注意到這篇論文的存在。

　　阿貝爾 24 歲時，他又在法國提出了另一個重要的研究——關於「橢圓函數」的論文。而這次卻又被負責評審的奧古斯丁・路易・柯西（Augustin Louis Cauchy, 1789 ～ 1857）給遺忘在抽屜裡。

　　接連的等待與失望，最後在旅費用盡的情況下他不得已回到了奧斯陸。

　　但回到國內後，他卻也始終無法得到政府資金的援助，甚至連工作都找不到。就在這段期間，他注意到德國的卡爾・雅可比（Carl Gustav Jacob Jacobi, 1804 ～ 1851）居然發表了一篇橢圓函數的論文，而其內容完全和自己那石沈大海的論文一模一樣！

　　事實上，他的成就眾多，但在當時卻都因緣際會地錯過了首次發表的機會。其研究內容除了代數方程式、橢圓函數外，還有關於無窮級數收斂的「阿貝爾判別法」、談論代數函數的積分的「阿貝爾積分」、解析冪級數收斂與相關應用的「阿貝爾定理」、以及奠定他先驅地位的群論研究。

　　阿貝爾因為個性較為散漫，在求職上一直很不順利，欠了一屁股的債。只能靠臨時教師的微薄薪資維持家計。不過這個時候，已經有一群歐洲的數學家發現了他的卓越貢獻，曾一同聯名上書給挪威國王，請他協助這個偉大數學家繼續將學問發揚光大。

　　但，一切都已然太遲了。1829 年 4 月 6 日，年僅 26 歲的阿貝爾，在克里斯汀的守候下與世長辭，而幸運之神卻在他死後才到來——隔日，他的家人收到了柏林大學那遲來的聘書。

　　生前在自己國內也未受到肯定的阿貝爾，如今出現在祖國的郵票

上。而數學家們更用他們獨特的方式紀念他：他們將很多定理和理論都使用了阿貝爾名字來命名。例如，抽象代數學中，符合交換律性質的群就被稱為「阿貝爾群」。

法國數學家夏爾・埃爾米特（Charles Hermite, 1822 ～ 1901）曾這麼評論道：「阿貝爾留下了足以讓未來數學家們忙上 500 年的問題。」

而阿貝爾的好友基爾豪（Kielhau），在望著他的墳墓時，便決心為他建造紀念碑。如今，我們可以在弗羅蘭（Froland）見到這個紀念碑。

16 數學是什麼？

　　有兩個人正為了將來不知道要做什麼而苦惱著，於是決定去詢問一位著名哲學家的意見。這位哲學家替他們做了一個簡單的適性測驗。

　　首先，他帶兩人到一間房裡。裡頭有火爐、書桌，和一個放在書桌上的水壺。哲學家吩咐這兩人道：「把水煮滾。」

　　於是兩人分別把水壺放到火爐上，煮滾。

　　接著，哲學家又帶著他們到另外一間房去。裡頭有火爐、書桌，和一個放在地板上的水壺。哲學家又吩咐他們道：「把水煮滾。」

　　其中一個人，他直接拿起水壺，放到火爐上，煮滾；另一個人，則是拿起水壺，放到桌上，再放到火爐上，煮滾。

　　於是哲學家對著第一個人說：「你可以成為工程學家。」；再對著第二個人說：「你可以成為數學家。」

　　為什麼呢？兩個人忙問哲學家原因。

　　於是他告訴第一個人道：「你確實達成了我交代的事

情。不過你把第一次和第二次的經驗獨立分開來看，兩次的過程對你來說並不相關。」

　　他告訴第二個人說：「而你，你從第一次的問題中得到的經驗，成為你第二次解決問題的過程與方法，所以你可以成為數學家。」

數學是一種過程

最後的決鬥

　　與阿貝爾同樣不幸，卻也同樣是現代代數群論先驅之一的埃瓦里斯特·伽羅瓦（Évariste Galois, 1811 ～ 1832），生於巴黎近郊，父親是小鎮的鎮長。

　　他的一生比阿貝爾還要短暫，更是充滿了悲劇性。12 歲時，他進入路易皇家中學就讀，在低年級的時候就獲得了好成績，但從 15 歲開始，由於他發現了自己對數學的興趣因而完全荒廢了其他學業，最後還慘遭留級。當時校方給他的評論是：「奇特、怪異、有原創力又封閉」。

　　他進入數學領域時所接觸到的第一本教科書，是法國數學家勒讓德（Legendre, 1752 ～ 1833）的《幾何元素（Éléments de Géométrie）》。當時伽羅瓦倉促決定要旁聽這門課時，課堂的進度早已過了一半。為了跟上進度，他自己研習本書，結果短短兩天就跟上了進度。

　　18 歲時，他將關於連分數和多項方程的兩篇論文提交給法國科學院，不過卻被當時負責審閱的柯西（Cauchy）給弄丟了。有趣的是，這樣的狀況阿貝爾也曾經遭遇過；更巧的是，其中一篇論文也和阿貝

爾的研究相似，是其獨立研究出如何證明「五次以上方程無公式解」的相關論析。

接著，他參與了數學的有獎競賽，向巴黎科學院提交了〈關於方程式的一般解法〉這篇論文。然而負責評審的傅立葉（Joseph Fourier，1768～1830）卻又突然過世，這篇論文最終也是石沈大海，得不到回應。

之後，伽羅瓦想進入當時最高教育機構，巴黎綜合理工學院（École Polytechnique，別稱「X」），但兩次面試卻都以失敗收場。據說，那是因為當時伽羅瓦的父親因政治因素自殺身亡，因而影響了他的表現。當時由於考官出的題目太過無聊，要求解題的方式又太過追求形式，因此他甚至失控的將板擦丟向主考官；同時，由於他過人的天資，思考是以跳躍式的邏輯在推論，因此主考官也完全根不上他的思緒，最後判定他不符合資格。

1829 年，他進入巴黎高等師範學校就讀。入學後短短半年內，他共發表了 4 篇論文。他倉促的一生只來得及完成 5 篇論文，而其中大半就是在這個時期完成的。

1830 年法國七月革命爆發，由於支持共和主義，對於校長將學生鎖在學園內表達了不滿，為此他被趕出校園。離開後，他成為激進的政治運動家，一方面從事政治活動，另外一方面他也沒有放棄數學，在書局舉行高等數學的公開講座。同時，他又再次提交了傅立葉來不及審閱的論文予巴黎科學院。然而，這次負責審查的西莫恩・德尼・帕松（Siméon Denis Poisson, 1781～1840）以「無法理解」為由將這

篇論文退件。

忍無可忍的伽羅瓦最後這麼說道：

「我一定要好好問問大家，為什麼巴黎科學院的紳士們經常將稿子遺失呢？」

「1831 年，我向巴黎科學院投交的論文是由帕松所負責審查的，而他卻說他完全不了解論文的內容。不論是帕松不想了解我的論文，還是他不具備理解論文的能力，但這確實讓大眾誤以為我的論文是毫無意義的作品。」

1831 年 5 月，伽羅瓦因為政治運動而入獄，這已經是第二次了。1832 年，他在獄中結識了一個醫生的女兒，也因此陷入了感情糾葛；最後當他假釋出獄後，就不得不面對了決鬥的命運。決鬥前夕，由於他知道自己必將輸去生命，因而振筆急書，希望能把所有的研究成果保留下來，期間他不斷地在筆記上寫下：「沒有時間了！」。

　　1832 年 5 月 30 日，他在決鬥中倒下，並被遺棄在路邊；直到一位路過的農夫發現才將他緊急送醫。在他生命的最後一刻，只有收到通知而飛奔前來的弟弟守候在一旁。為了安慰傷心難過的弟弟，他這麼說道：「弟弟！別哭了。在 20 多歲死亡，這需要我所有的勇氣。」

　　隔日，伽羅瓦停止了呼吸。

　　關於這個傳說，有人說太過浪漫，似乎不足以採信；也有人說他的死，其實是秘密警察的陰謀。總之，死後他被埋在公墓的一角，於今是再也找不到了。

　　而他在決鬥前夕所盡力留下的數學成就遺稿，在死後託付給了友人伽瓦利耶（Chevalier）代為處置，其主要內容是代數方程式和置換群（permutation group）。這些遺稿直到 40 年後，才得以出版面世。而透過這些研究發表，伽羅瓦終於得到了世人的重視，被視為是 19 世

紀的數學家先驅而留名史上。

　　事實上，他悲慘的命運，或許就是因為與他走得太前面了吧。當時的其他數學家或許都還無法理解到他的數學理論，所以後人是這麼定義他的死亡的：「阿貝爾是窮死的，而伽羅瓦卻是被世界上的傻瓜們給害死的。」

　　伽羅瓦在數學上的貢獻，其中最重要的就是打開了現代代數學的大門，引領眾人進入了另外一個全新的階段。1830 年，正是由伽羅瓦首度使用了「群（group）」此一數學詞彙，開啟了後世對群論的研究。

南丁格爾的老師

詹姆斯‧約瑟夫‧西爾維斯特（James Joseph Sylvester, 1814 ～ 1897），擁有「數學的亞當」的稱號。出生於倫敦的他，在家中排行老么。

16 歲時，住在美國的哥哥正在擔任保險財劃師，由於當時聯邦獎券發行承包商遇到了數學排列上的困難問題，因而他將弟弟西爾維斯特推薦給眾人。而西爾維斯特也不負眾望的想出了令人滿意的完美解決方案，獲得了 500 美元的報酬。

1831 年，進入劍橋大學聖約翰學院（St John's College, Cambridge）就讀。

1838 ～ 1840 年他擔任倫敦大學自然哲學教授；1841 年擔任美國

維吉尼亞大學的數學教授，不過因為和學生有所摩擦，在美國短暫停留後又回到了英國。1846 年他開始學習法律，並於 1850 年取得了律師資格。在這段修習的過程中，他遇到了一生的摯友凱萊（Arthur Cayley, 1821 ～ 1895），兩人不但常探討法律的問題，更一起研究數學。由於他們的互相鼓舞，兩人一同創造出相當多的新數學。

凱萊不論是在性格上或是外形上，和西爾維斯特都有很大的反差。1821 年，出生於薩里郡（Surrey）的瑞奇蒙得（Richmond），在劍橋大學三一學院（Trinity College）就讀。1842 年，他以數學榮譽考試第一名的身分畢業，同年，他以選拔賽第一名的資格獲得史密斯獎（Smith's Prize）。

凱萊一開始以律師作為職業，不過在 1863 年回到劍橋大學擔任教授後又重回數學之路。凱萊留下的數學著作量僅次於歐拉（Euler）和柯西（Cauchy），其著作《凱萊數學論文集（Collected Mathematical Papers）》是一部巨大的作品，總共收錄了 966 篇論文，每卷約 600 頁，總共 13 卷，用四開大的紙裝訂。其內容涵蓋了：解析幾何、變換理論、行列式理論、高維幾何、劃分理論、曲線和曲面理論、阿貝爾 θ 函數與橢圓函數理論等，做出了開拓性的貢獻。而他一生最大的成就，則是與西爾維斯特一同創造並推展的「不變式理論」。

西爾維斯特早期的研究，是著重在「菲涅耳（Fresnel）光學理論」以及「施圖姆定理（Sturm's theorem）」。之後，由於凱萊的影響，兩人一同投入了現代代數學的研究。

他撰寫了：消去理論、變換理論、二次方程的標準型、行列式、

形式演算、劃分理論、不變式理論、柴貝謝夫（Tchebycheff）方法（探討在某限內質數的數目）、矩陣的本徵根、方程論、多重代數（multiple algebra）、數論、連桿裝置（linkage machines）、概率論和微分不變式等論文。由於他提出了許多新的數學名詞，對數學語彙有極大的貢獻，因此搏得了「數學的亞當」之稱。

西爾維斯特和凱萊最偉大的成就──「不變式理論」──那是什麼呢？簡單的說就是：「如果將某種數學模式轉換成其他模式的時候，有哪些性質是不變的？」

如果要更用簡單例子來說明，那麼就是在一張乾淨的紙上畫上直線後，隨意地將紙摺疊搓揉；雖然紙變得很皺，但紙上所畫的直線其性質卻不會因此而變化。基於這個理論，便可以透過線性變化，來轉化兩代數關係式因而求解。

西爾維斯特雖然是個數學家，不過他也熱愛詩與音樂。

他的詩，大概只能算是一種喜好，僅能供他自己欣賞。而他寫詩的靈感，大部分都是來自於數學研究時的靈光一閃。某次，他在巴爾的

摩的皮巴蒂研究所對著大眾朗讀自己的詩——〈羅莎琳（Rosalind）〉。
這首詩共有 400 行，每行都以「羅莎琳」作為韻腳。由於怕朗讀的過
程中會有所中斷，他特地在朗讀前將所有的註解以及需要注意的地方
做了冗長的說明，因此，在詩還沒開始朗讀前，不耐煩的聽眾早就陸
陸續續的離開了。由此可知，他在「詩」的領域著實沒什麼優秀的才華。
不過即便如此，1870 年他也發行了一本名為《詩的規律（The Laws of
Verse）》的小冊子，裡頭其實有不少高明的見解。

　　至於在音樂領域方面，西爾維斯特曾接受過著名法國作曲家夏爾·
弗朗索瓦·古諾（Charles-François Gounod, 1818 ～ 1893，代表作是歌
劇《浮士德》）的聲樂指導，因此他也算是一個擁有絕佳音色的業餘
聲樂家。對於音樂的想法，可以從他在〈關於牛頓發現虛根的規則〉
這一篇論文中的筆記中窺知，當時他靈光一閃的記下了這段話：「音
樂可否看作感覺的數學？數學可否看作推理的音樂？它們其實擁有相
同的靈魂。於是，音樂家感覺數學，數學家思考音樂。」

西爾維斯特像過去的許多學者一樣，在活著的時候都走過了一段艱辛的道路。他猶太人的身分，讓他備受壓迫。例如 1831 年，時他雖然得以進入劍橋大學就讀，但卻因為是猶太人而無法畢業；而後來，他的能力固然足以得到史密斯獎，但也只因為他是個猶太人而失之交臂。

如前所述，1841 年時，他本前往美國擔任教職，但最後仍是因故被迫回到倫敦；這段期間他因為求職不順，除了擔任保險公司的低級職務外，他也私下兼差教人數學。不過有趣的是，1843 年這年，你知道嗎？他居然成為了南丁格爾（Nightngale）的老師！

1877 年，他前往約翰斯·霍普金斯大學擔任數學系教授；1878 年，他創辦了《美國數學雜誌（American Journal of Mathematics）》，這是美國的第一部數學雜誌。

1884 年，西爾維斯特最終回到英國，在牛津（Oxford）大學擔任幾何學教授。1897 他在倫敦過世，享年 83 歲。

17 數學是什麼？

數學教授，他可以精準的掌握時間，剛好上滿50分鐘的課，不多也不少。

上課的前半段，他會用來檢討、修正、複習上一節課錯誤的地方。

上課的後半段，他會用來為下一節課做準備。

在精神病院死去

格奧爾格·費迪南德·路德維希·菲利普·康托爾（Georg Ferdinand Ludwig Philipp Cantor, 1845 ～ 1918），一位出生於俄國的猶太裔數學家。如果有學過「集合」，那麼你或許就會知道，他就是集合論的創始者。

不過事實上這點並不完全正確，因為他的集合理論，其實原本是始於探索「無窮」的研究。

康托爾早期的數學研究主要集中在數論、不定方程式、三角級數。而從三角級數中他得到了靈感。為了要解決三角級數解析過程中出現的無窮函數之表示，他開始研究是否可用一個較為普遍性的方法，來表達這些收斂的數列，因而開始了集合論和無窮理論的革命性研究。

「集合」可分為有限集合和無窮集合，前者指含有有限個元素，後者則指含有無窮多個元素。在康托爾之前，數學家們一般都只使用∞這個符號來表達無窮的概念，對他們來說，既然是無窮，就沒有大小之分。然而，康托爾卻創立出了「基數」與「序數」，分別表示集合中元素的「總數量」以及「排列序」。透過此，即便同樣是無窮集合，也可透過基數的比較來分出集合的大小。

　　於是，從康托爾開始，無窮為無限大故而無法比較的概念被打破了。就連康托爾本人都很驚訝的發現，自然數集、有理數集、代數集等，居然很多的無窮集合都是「可數集」。也就是可以透過一一對應的原則，將兩個集合的元素一對一的排列，進而比較兩無窮集合的基數大小。

　　簡單說來，在直覺上我們就可以知道，只要兩個集合內的元素個數是可數的，那麼我們就能夠比較他們的大小。例如，今天我們來到水果舖，詢問老闆道：「請問有像你右手手指數目一樣多的蘋果嗎？」於是老闆先數了右手手指的數目，1、2、3、4、5，5根；再數攤位上的蘋果，1、2、3、4、5，5個，於是他便可以回答：「有。」

　　從這個例子中我們可以知道，可數，是比較兩集合大小的必要條件。這是一個比判斷「數值大小」更為原始的概念，也就是一一對應的運用。康托爾居然使用了這麼一個最為原始的數學計算方式，卻帶給了無窮理論的突破性發展。

　　－－對應的好處是，它在使用上並不需要直接清楚的知道「數值」本身的數量。假使今天有一族原始人，如果他們所能理解的最大數值是 2；那麼拿上面那個問題來詢問他們時，難道他們就無法比較 5 根手指和 5 顆蘋果的數量是否相等嗎？答案當然是否定的，他們可以透過－－對應，很清楚的比較出兩者是否一致。

　　從中我們可以發現到一個重要的事實，也就是「數值」並不是比較大小的必要條件，只要集合的元素個數是可數的，那麼透過－－對應，即便是無窮集合也可被拿來任意比較。

　　發現到這個重要事實的康托爾， 1845 年出生於俄羅斯的聖彼得堡，父親是擁有猶太人血統的丹麥商人。1856 年他們全家搬到了德國法蘭克福，並在那求學，從小他就很有數學的天分。康托爾的家庭相當重視宗教，父親從猶太教改信新教，母親是天主教信徒；在這樣複雜的宗教家庭氣氛下成長的康托爾，一生對神學都抱持著濃厚的興趣。這也是後來，當他面臨到複雜的爭論時，仍舊能夠保持對中世紀

神學、連續性和無窮理論研究的動力。

　　原本他的父親希望他能夠學習工業技術，但他卻選擇了哲學、物理、數學的道路，先後在蘇黎世、哥廷根、柏林大學就讀。在柏林大學攻讀的期間，由於受到卡爾·魏爾斯特拉斯（Karl Weierstrass，1815～1897，現代分析之父）的影響，在 1867 年取得博士學位。於後在 1869～1905 年間，他在德國的哈勒-維騰貝格馬丁路德大學（Martin-Luther-Universität Halle-Wittenberg，MLU）講課。另外，他也他創立德國數家協會並擔任議長，1897 年在蘇黎世舉行了第一屆國際數學家大會。

　　基於這樣的背景，丹麥、俄羅斯、德國、以色列，這些國家都主張康托爾為自己國家的國民。

　　不過即便他在數學的領域上成績卓絕，晚年他卻深為精神疾病所苦；由於集合與無窮理論的突破性見解，使他長期遭受到大量的批評。從他的論文中可以推測，他或許已然患了嚴重的躁鬱症。1918 年，他在德國哈勒大學的附屬精神病院中辭世。

悖論！悖論！悖論！

伯特蘭‧羅素（Bertrand Russell, 1872～1970），英國哲學家、數學家、邏輯學家和政治運動家。他最為人熟知的，或許並不是他的數學成就，而是他的著作《哲學問題》以及因《婚姻與道德》一書而獲得諾貝爾文學獎的輝煌成就。

1872年，他在威爾斯近郊的一個貴族家庭出生。1890年，羅素進入劍橋大學三一學院學習哲學、邏輯學和數學，並獲得該學院之獎學金，1908年成為學院的研究員並獲選為英國皇家學會院士。不過後來由於參與反戰的政治活動，他遭到劍橋大學的開除。於後，他主要在美國大學授課，撰寫了數學、邏輯學、哲學、社會學、教育學等相關書籍40本以上。1934年，他獲得了西爾維斯特獎、德‧摩根獎（Augustus De Morgan）以及英國科學院獎；1949年獲得英王喬治六世所頒發的功績勳章；1950年獲得諾貝爾文學獎。

一次世界大戰期間，由於他主張和平主義，反對徵兵制，因而被趕出劍橋大學；1918年因為同樣的理由被判刑6個月；1960年，由於領導反核武的和平運動，又再度被被判刑入獄。1970年去世，享年98歲。

羅素在數學邏輯領域上面的貢獻，是在 1902 年提出了一種基於集合的概念所造成的「羅素悖論」（Russell's paradox）。羅素悖論當時的提出，被稱為第三次數學危機，對 20 世紀數學基礎造成了重大影響。

由於這個悖論，數學產生了一次本質性的哲理思考，開始關心起邏輯和哲學。而這也促進了符號邏輯和數學哲學的發展。1918 年出版的《神秘主義與邏輯》中，他是這麼談論數學的：「數學不僅擁有真實，而且還具有絕佳的美麗。數學如同雕刻品一樣，擁有冷靜、嚴謹的美。」

那麼「羅素悖論」到底是什麼呢？

它是指一個元素在集合的歸屬上所出現的矛盾。

設命題函數 $P(x)$ 表示 $x \notin x$，現假設由性質 P 確定了一個類 A

$A=\{x|x \notin x\}$，也就是假設 A 是不屬於自身的集合。

那麼現在的問題是：$A \in A$ 是否成立？

首先，若 $A \in A$，則 A 是 A 的元素，那麼 A 具有性質 P，由命題函數 P 知 $A \notin A$。

其次，若 $A \notin A$，也就是說 A 具有性質 P，而 A 是由所有具有性質 P 的類組成的，所以 $A \in A$

也就是說，如果 A 屬於 A，則與假設產生矛盾；但如果 A 不屬於，那麼它就符合假設，所以 A 就應該屬於 A，仍是產生矛盾。

羅素悖論有一個更為簡明易懂的故事可以理解，稱為「理髮師悖論」：

　　在某個村莊中有一位理髮師，他在門口大大的寫著這樣的標語：「我的技術是世界一流的水準，我將為本村所有不自己刮鬍子的人修臉，而我也只為他們服務！」

　　標語一貼出，立刻引來了大批的顧客，讓他感到很是開心。可是有一天，當他看著自己鏡中滿臉的鬍鬚時，他才驚覺到：「我應該自己刮鬍子？還是不該自己刮鬍子？」

　　這或許是一個很愚蠢的問題，但從他的標語中來想，你就會發現：

　　如果他替自己刮鬍子，他就屬於「自己刮鬍子的人」，那麼他就不該幫自己修臉；可是如果他不幫自己修臉，他就屬於「不自己刮鬍子的人」，那麼他又應該要幫自己修臉。這著實是一個矛盾。

　　和這個例子相似的，還有在西元前 6 世紀發生的一個故事。當時

出生在克里特島的詩人兼預言家埃庇米尼得斯（Epimenides）曾留下著麼一句名言：「所有克里特人都說謊」。

這是一個標準的「謊言者悖論」，或許這也是數學領域中第一次出現的悖論，不過嚴格說起來這並不算是悖論，而是一句不管怎麼看都是錯誤的話而已。

原因在於，埃庇米尼得斯自己也是克里特人。所以，如果「所有克里特人都說謊」為真，那麼這句話也應該是謊話，可是又將與前提的「此話為真」相矛盾，所以這句話錯誤；如果「所有克里特人都說謊」，那麼代表此話為假，則這句話仍舊是個錯誤。

另外還有一個關於悖論的奇特法律。

在某個國家中，由於有人主張應廢除死刑制度，因此人們重新制定了法律。

死刑最後還是被保留的，但法律卻這樣規定：「死刑宣判以後，需在一年以內執行，而且執行死刑的日期不可以事先告訴死囚。」

克里特人
都是騙子

乍看之下，這條法律仍舊規定了死刑的存在，但事實上這等同於廢除了死刑。

為什麼呢？因為廢除死刑必須在 1 年內完成，也就是最晚必須在第 365 天執行死刑，但是由於不能讓死囚知道確切日期，所以第 365 天不可以作為執行死刑的日期；而如果第 365 天不行，那麼第 364 天就成為了最後一天，但由同理推論，這天也不可作為執行死刑的日期；以此類推，到最後 365 天中的每一天都不能作為執行死刑的日期了。

事實上，我們常在無意間犯了類似的悖論。例如，人們說話的時候往往會不自覺地說：「我是說真的！」那麼，難道其他的話就成了謊話嗎？這點確實是值得好好推敲一番。

　　一座孤島上住著三個人，分別是老是說謊的空一、二誕，以及只說真話的實三。

　　一天，一位迷途的旅客來到這座島上。為了找到正確的道路，他只能向誠實的實三問路。於是他各問了並排坐著的三個人一個問題。

　　他問最右邊的人道：「坐在中間的人總是說實話嗎？」那人回答：「他只會說謊。」

　　接著他問中間的人道：「坐在你左右兩側的人，總是說實話？還是謊話？」那人回答：「他們都跟我一樣。」

　　最後，他問左邊的人道：「坐在中間的人總是說實話嗎？」那人回答：「對。」

　　所以，老實的實三到底是哪一個呢？

　　答案是：「坐在右邊的人。」

　　原因很簡單。坐在中間的人說，他和左右兩邊的人都

一樣，但因為說實話的人只有一個，所一他一定是說
謊；而左邊的人卻說中間的人說的是實話，所以這個
人也必定說謊。因此，唯一沒有說謊的，當然就是右
邊的實三了。

數學往往很簡單，無法解決問
題是因為想得太複雜了

諾貝爾獎和菲爾茲獎

相信沒有人會不知道諾貝爾獎的存在，但你知道，沒有諾貝爾數學獎嗎？

關於為什麼沒有諾貝爾數學講這件事情，一直有各式各樣的揣測。有一種說法是，因為諾貝爾和當時瑞典數學家雷富勒（Mittag-Leffler, 1846～1927）之間有嫌隙，甚至有人說因為他的妻子與這位數學家有染，所以特意不開設數學獎，以防止此人得獎；還有一種說法是，身為化學家的諾貝爾不懂純粹數學的價值，因此才忽略了數學

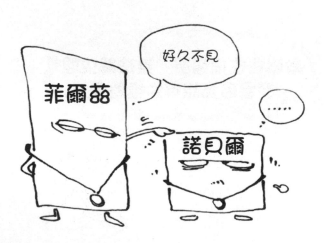

獎的設立。不過說到底，這些都只是閒嗑牙的話題，並沒有得到證實。

對於數學家來說，其最高榮耀是菲爾茲獎（Fields Medal），而不是諾貝爾獎。

菲爾茲獎的全名是「國際數學傑出成就獎（The International Medals for Outstanding Discoveries in Mathematics）」，是依據加拿大數學家約翰‧查爾斯‧菲爾茲（John Charles Fields, 1863 ～ 1932）的遺囑與捐贈成立的。是一個由國際數學聯盟（IMU）主辦的國際數學家大會（International Congress of Mathematicians，簡稱 ICM）上頒發的獎項。每 4 年頒獎一次，頒給有卓越貢獻的年輕數學家，每次最多 4 人得獎。得獎者須在該年元旦前不得超過 40 歲。

菲爾茲出生於加拿大安大略省，1884 年於多倫多大學畢業，1887 年獲得美國約翰斯‧霍普金斯大學博士學位。由於對北美的數學研究環境感到失望，1891 年前往德國結識了許多重要的數學家，其中尤以雷富勒（Mittag-Leffler）最為知交，並開始在新領域的代數函數論發表論文。

1902 年他返回加拿大多倫多大學，並致力於提昇加拿大在數學領域的學術地位；1919 ～ 1925 年期間，菲爾茲出任加拿大皇家科學院（Royal Canadian Institute）主席。雖然，最終仍是無法使其成為科學研究的領導中心，但卻促成了多倫多得以舉辦 1924 年國際數學家大會。

1920 年開始，菲爾茲開始籌備菲爾茲獎的設立，但因為身體狀況日差，患病三個月後離世，在生前無緣見到獎項的設立。遺囑中他捐了 47,000 元給獎項基金。而菲爾茲獎的首次頒發，是在 1936 年的挪

威奧斯陸國際數學家大會，於後每 4 年頒發一次。

　　菲爾茲對這個獎項，曾在備忘錄上寫下他的看法：「卓越成就的表揚，除了敦促人們在這個領域發憤圖強，同時也刺激他們在其他領域中的努力。」

菲爾茲獎

　　這個獎項的目的，主要是敦促那些 40 歲以下的人，期待他們在未來更能發光發熱。從 1936 年的第一屆菲爾茲獎開始，至 1966 年為止每次都只選出兩名的得獎者；然而，隨著數學領域的擴大，從 1966 年開始，增加為 4 名。

　　不過由於菲爾茲獎只頒發給那些未超過 40 歲的卓越數學家，那麼對於其他那些對數學做出重大貢獻的數學家，又該怎麼辦呢？

　　1998 年，國際數學家大會又設了一個獎項「國際數學聯盟銀獎」以表揚其他那些對數學做出重要貢獻的人們。首座銀獎頒發給了證明「費馬最後定理」的安德魯‧懷爾斯（Andrew Wiles, 1953），當他於 1994 年證明費馬最後定理時，早已超過了 40 歲了。

　　就如同下頁的表格內容，1936 年到 2006 年的得獎名單中可見到，得獎人都在 40 歲以下。

年度	名字	年紀	國家
1936	拉爾斯·瓦萊里安·阿爾福斯（Lars Ahlfors）	29	芬蘭
	傑西·道格拉斯（Jesse Dαuglas）	39	美國
1950	洛朗·施瓦茨（Laurent Schwartz）	35	法國
	阿特勒·塞爾貝格（Arle Selberg）	33	挪威
1954	小平邦彥（Kunihiko Kodaira）	39	日本
	讓－皮埃爾·塞爾（Jean-Pierre Serre）	33	法國
1958	克勞斯·弗里德里希·羅思（Klaus Roth）	32	英國
	勒內·托姆（Rene Thom）	35	法國
1962	拉爾斯·赫爾曼德（Lars Hormander）	31	瑞典
	約翰·米爾諾（John Milnor）	31	美國
1966	麥可·阿蒂亞（Michael Atiyah）	37	英國
	保羅·寇恩（Paul Cohen）	32	美國
	亞歷山大·格羅滕迪克（Alexander Grothendieck）	38	德國
	史蒂芬·斯梅爾（Stephen Smale）	36	美國
1970	艾倫·貝克（Alan Baker）	31	英國
	廣中平祐（Heisuke Hironaka）	39	日本
	謝爾蓋·諾維柯夫（Serge Novikov）	32	蘇聯
	約翰·格里格斯·湯普森（John Thompson）	37	美國
1974	恩里科·邦別里（Enrico Bonbieri）	33	義大利
	大衛·芒福德（David Munford）	37	英國
1978	皮埃爾·德利涅（Pierri Deligne）	34	比利時
	查爾斯·費夫曼（Charles Fefferman）	29	美國
	格列戈里·亞歷山德羅維奇·馬爾古利斯（Gregori Margulis）	32	蘇聯
	丹尼爾·格雷·奎林（Daniel Quillen）	38	美國

年度	名字	年紀	國家
1982	阿蘭・孔涅（Alain Connes）	35	法國
	威廉・瑟斯頓（William Thurston）	35	美國
	丘成桐（Shing-Tung Yau）	33	中國
1986	西蒙・唐納森（Simon Donaldson）	29	英國
	格爾德・伏爾廷斯（Gerd Faltings）	32	西德
	邁克爾・弗瑞德曼（Michael Freedman）	35	美國
1990	弗拉基米爾・德林費爾德 （Vladimir Drinfeld）	36	蘇聯
	沃恩・瓊斯（Vaughan Jones）	38	紐西蘭
	森重・文（Shigefumi Mori）	39	日本
	愛德華・維騰（Edward Witten）	39	英國
1994	讓・布勒肯（Jean Bourgaim）	40	比利時
	皮埃爾－路易・利翁（Pierre-Louis Lions）	38	法國
	讓－克裡斯托夫・約克茲 （Jean-Christophe Yoccoz）	37	法國
	葉菲姆・澤爾曼諾夫（Efin I. Zelmanov）	39	俄國
1998	理查・博赫茲（Richard Borcherds）	39	英國
	馬克西姆・孔采維奇（Maxim Kontsevich）	34	法國
	威廉・高爾斯（William Gowers）	35	英國
	柯蒂斯・麥克馬倫（Curtis McMullen）	40	美國
2002	洛朗・拉福爾格（Laurent Lafforgue）	36	法國
	弗拉基米爾・沃埃沃德斯基 （Vladimir Voevodsky）	36	俄國
2006	安德烈・歐昆高夫（Andrei Okounkov）	37	俄國
	格里戈里・佩雷爾曼（Grigori Perelman）	39	俄國
	陶哲軒（Terence Chi-Shen Tao）	31	澳洲
	文德林・沃納（Wendelin Werner）	38	法國

蝴蝶的翅膀

「混沌（Chaos）」一詞，最早是起源於希臘，其原本的發音是「[keˋ(i)as]」，是代表秩序的「宇宙（Cosmos）」的反義詞，意指「混沌」和「無秩序」。而從希臘神話或舊約聖經等之中的混沌語源來看，是代表「宇宙秩序未建立以前之混亂狀態」；而「混沌理論（Chaology）」原本是 18 ～ 19 世紀的神學用語，代表對「天地創造前存在狀態」的研究。

由上可知，古典的混沌理論是具有創造「宇宙秩序」的意涵存在，與現代意義的「確定性混沌（Deterministic Chaos）」所代表的自然科學中的一種貌似隨機的行為或性態有所不同，是具有偉大「創造性」的意義。

然而，對於混沌，事實上很難界定出一個眾人接可理解的明確數學定義。

目前可能最貼近的定義是：「混沌是一種在確定性的系統中，以貌似隨機而不規則的運動呈現。看似不安定且不可預測的，是一堆好像毫不關聯的碎片；但是這種混沌狀態其實是有機地彙集成一個整體。」

事實上，這個定義也不能充分的說明混沌所代表的意義。只能說，世界上所有的一切都是不規則的，雖然可能會有一個最終真理的存在，但這個真理或規律是不可知的。如果世界所有的事情都是規律的，人生就會無趣。

以下就讓我們從幾個簡單的故事來切入混沌理論吧。

有一對相愛的年輕男女，在一次激烈的爭執後，他們分手了。男方率先想向對方道歉，於是寄出了一封和解信。如果我們假設女方收到一封和解信所出現的反應為 x，那麼如果男方一次寄出十封信，那效果會變成 10x 嗎？

答案是未知的。有的時候，一封信可能就能帶來 100 的結果；有時候寄得多了，卻會因此造成了反效果。世界就是像這樣子的毫無規則可言。

混沌理論中，有一個被稱為「蝴蝶效應」的論述，是由美國數學家與氣象學家愛德華·諾頓·勞侖茲（Edward Norton Lorenz, 1917 ～

2008）所提出的，其內容是這樣的：「一隻蝴蝶在巴西拍動翅所引起的風，會在一連串複雜的連鎖效應下，在德克薩斯引起龍捲風嗎？」

　　一個細微差異的輸入，可能在最終輸出成為巨大的差異。初始條件原本相當的微小，但在經過了一段時間之後，其效果卻被極大的的擴張。這種現象被稱為對初始條件的敏感依賴性。因此，氣象預報可以說是「混沌」的，長時期大範圍的天氣預報往往將因一點微小的改變就完全顛覆了結果。

　　不過雖然如此，氣候動力學是否完全是混沌的而無法預測？到目前為止，仍沒有人能明確的斷定。

　　不過混沌理論也不完全是如此龐大而無法預測的現象，其實它常常發身在我們的生活週遭。

　　某篇期刊上就刊載了這樣一個研究：一條高速公路上有許多的汽車，它們皆以時速 100 公里前進。如果第一輛汽車不經意地踩了煞車，從這個點開始往後的 30 公里內，所有的汽車都將停下來。這就是實

際生活裡發生的蝴蝶效應。

　　所以，從上面的例子中，我們就可以了解到「原因」和「結果」往往並不是線性關係，而是一種非線性的混沌系統，任何一點微小的因素都將對最後的結果造成不可知的影響。也就是因為如此，我們才無法輕易的以現在來預測未來的狀態。

參考文獻 ●─────────────────────────────────────

1. 柯爾朋、杜馬諾斯基、麥爾斯（T.COLBORN/D.DUMANOSKI/J.P.MYERS）著、
   權福規譯，《失竊的未來》（Our Stolen Future），1998。
2. 金德順，《故事中的邏輯學》(이야기 속의 논리학)，新日(새날)，1993。
3. 金安賢、李光然譯，《初期數學的插曲》（초기수학의 에피소드），京文
   社（경문사），1998。
4. 金勇雲、金勇國，《有趣的數學旅行1、2、3》(재미있는 수학여행1, 2, 3)，
   金英社（김영사），1997。
5. 穆蔡昌夫、本田羅子，《模糊－曖昧不明的科學》(퍼지－애매모호의 과학)，
   大光書林(대광서림)，1993。
6. 朴世熙，《數學的世界》(수학의 세계)，首爾大學校(서울대학교)，1985。
7. 朴世熙譯，《數學的確實性》(수학의 확실성)，民音社(민음사)，1986。
8. 白潤善譯，《有趣的物理旅行》(재미있는 물리여행)，金英社(김영사)，
   1988。
9. 原一博之，《有趣的混沌理論》(쉽게 읽는 카오스)，韓意(한뜻)，1994。
10. 梁英武，許民譯《數學的經驗（上、下）》(수학적 경험(상·하))，京文社
    (경문사)，1997。
11. 李奇漢，《奇妙想法、奇妙解法》(묘한 생각 묘한 풀이)，田園文化社
    (전원문화사)，1992。
12. 李成範、邱潤書譯，《新科學和文明的轉換》(새로운 과학과 문명의 전환)，
    範洋社（범양사），1989。

13. 李宇英、申項鈞譯，《數學史》(수학사)，京文社(경문사)，1995。

14. 李宇英、申項鈞、李弘烈譯，《數學王子高斯》(수학의 황제 가우스)，京文社(경문사)，1996。

15. 李昌熙譯，《科學不能解的謎語》(과학이 풀지 못한 수수께끼)，高麗院影像(고려원미디어)，1996。

16. 林勝院譯，《數學，還不知道這些內容》(수학, 아직 이러한 것을 모른다)，傳播科學史(전파과학사)，1996。

17. 許民、吳惠英譯，《數學的偉大瞬間》(수학의 위대한 순간들)，京文社(경문사)，1994。

18. 許民、吳惠英譯，《數學的基礎和基本概念》(수학의 기초와 기본개념)，京文社(경문사)，1997。

19. 許民、吳惠英譯，《數學：樣式的科學》(수학:양식의 과학)，京文社(경문사)，1997。

20. 黃文修譯，《哲學是什麼？》(철학이란 무엇인가)，文藝出版社(문예출판사)，1989。

澡堂裡遇見阿基米德
生活中的有趣數學

作　　　者	李光延
譯　　　者	譚妮如
發 行 人	林敬彬
主　　　編	楊安瑜
編　　　輯	陳亮均
內頁編排	謝淑雅
封面設計	謝淑雅
出　　　版	大都會文化事業有限公司　行政院新聞局北市業字第89號
發　　　行	大都會文化事業有限公司
	11051台北市信義區基隆路一段432號4樓之9
	讀者服務專線：（02）27235216
	讀者服務傳真：（02）27235220
	電子郵件信箱：metro@ms21.hinet.net
	網　　　址：www.metrobook.com.tw
郵政劃撥	14050529　大都會文化事業有限公司
出版日期	2012年7月初版一刷
定　　　價	280元
I S B N	978-986-6152-49-8
書　　　號	CS011

Metropolitan Culture Enterprise Co., Ltd.
4F-9, Double Hero Bldg., 432, Keelung Rd., Sec. 1, Taipei 11051, Taiwan
Tel:+886-2-2723-5216　Fax:+886-2-2723-5220
Web-site:www.metrobook.com.tw
E-mail:metro@ms21.hinet.net

"Funny Math (Vol. 1)" by Lee Kwang Yeon
Copyright © 2010 Lee Kwang Yeon
All rights reserved.
Originally Korean edition published by Kyung Moon Publishers
The Traditional Chinese Language edition © 2012 Metropolitan Culture Enterprise Co., Ltd

The Traditional Chinese translation rights arranged with Kyung Moon Publishers
through EntersKorea Co., Ltd., Seoul, Korea. and China National Publications
Import & Export Corporation.

國家圖書館出版品預行編目(CIP)資料

澡堂裡遇見阿基米德：生活中的有趣數學/
李光延 著/ 譚妮如 譯. -- 初版. --
臺北市：大都會文化, 2012.07
256面 ;21×14.8公分
ISBN 978-986-6152-49-8 (平裝)
1.數學 2.親子教育 3.通俗作品
　310　　　　　　　　101012063